高等教育规划教材

U0384719

二维动画设计教程

吕　锋　张鼎一　编著

机械工业出版社

全书用丰富的案例和大量的图示，从概念入手，引导读者快速入门，达到灵活应用的目的。每一章先介绍重要的知识点，然后借助具体的示例进行讲解，步骤详细、重点明确，手把手教你如何进行实际操作。书中的商业案例实训，可以帮助读者快速地掌握商业动画的设计理念和设计元素，顺利达到实战水平。全书是一个有机的整体，涵盖了初识 Adobe Flash 动画、Adobe Flash 绘图技巧、元件和库、Adobe Flash 中的简单动画、Adobe Flash 角色动画、Adobe Flash 视听处理等内容。

本书既可作为本科、高职高专相关课程的专业课教材，也可作为相关职业的培训教材或相关人员的参考资料。

本书配套授课电子课件，需要的教师可登录 www.cmpedu.com 免费注册，审核通过后下载，或联系编辑索取（QQ：2850823885，电话：010-88379739）。

图书在版编目（CIP）数据

二维动画设计教程/吕锋，张鼎一编著. -北京：机械工业出版社，2015.6

高等教育规划教材

ISBN 978-7-111-50560-0

Ⅰ．①二…　Ⅱ．①吕…②张…　Ⅲ．①二维-动画制作软件-高等学校-教材　Ⅳ．①TP391.41

中国版本图书馆 CIP 数据核字（2015）第 133871 号

机械工业出版社（北京市百万庄大街 22 号　邮政编码 100037）
策划编辑：郝建伟　责任编辑：郝建伟
责任校对：张艳霞　责任印制：李　洋
北京振兴源印务有限公司印刷
2015 年 8 月第 1 版·第 1 次印刷
184mm×260mm · 17 印张 · 421 千字
0001—3000 册
标准书号：ISBN 978-7-111-50560-0
定价：39.90 元

出 版 说 明

当前，我国正处在加快转变经济发展方式、推动产业转型升级的关键时期。为经济转型升级提供高层次人才，是高等院校最重要的历史使命和战略任务之一。高等教育要培养基础性、学术型人才，但更重要的是加大力度培养多规格、多样化的应用型、复合型人才。

为顺应高等教育迅猛发展的趋势，配合高等院校的教学改革，满足高质量高校教材的迫切需求，机械工业出版社邀请了全国多所高等院校的专家、一线教师及教务部门，通过充分的调研和讨论，针对相关课程的特点，总结教学中的实践经验，组织出版了这套"高等教育规划教材"。

本套教材具有以下特点：

1）符合高等院校各专业人才的培养目标及课程体系的设置，注重培养学生的应用能力，加大案例篇幅或实训内容，强调知识、能力与素质的综合训练。

2）针对多数学生的学习特点，采用通俗易懂的方法讲解知识，逻辑性强、层次分明、叙述准确而精炼、图文并茂，使学生可以快速掌握，学以致用。

3）凝结一线骨干教师的课程改革和教学研究成果，融合先进的教学理念，在教学内容和方法上做出创新。

4）为了体现建设"立体化"精品教材的宗旨，本套教材为主干课程配备了电子教案、学习与上机指导、习题解答、源代码或源程序、教学大纲、课程设计和毕业设计指导等资源。

5）注重教材的实用性、通用性，适合各类高等院校、高等职业学校及相关院校的教学，也可作为各类培训班教材和自学用书。

欢迎教育界的专家和老师提出宝贵的意见和建议。衷心感谢广大教育工作者和读者的支持与帮助！

机械工业出版社

前　言

随着计算机与互联网的普及，用图像传递信息已经成为传播信息的普遍方式。Flash 是由 Adobe 公司推出的多媒体动画制作软件，具有矢量绘画、高超的压缩性能、优秀的交互设计功能等特点，主要用于制作二维电脑动画作品。无论 Flash CS6 的软件功能多么强大，也仅是一种辅助设计的工具。要创作出主题突出、精彩纷呈的动画作品，既要全面掌握 Flash 的软件功能，还必须具备一定的美术基础知识和创意设计能力，将设计与软件技术高度结合起来，掌握动画设计的一般规范与制作流程，克服思考的局限性，并养成良好的设计习惯，注重培养设计理念、提高设计技法，在面向实际动画创作的学习过程中逐步掌握 Flash CS6 的应用技巧。

全书共分 6 章，分别介绍了初识 Adobe Flash 动画、Adobe Flash 绘图技巧、元件和库、Adobe Flash 中的简单动画、Adobe Flash 角色动画、Adobe Flash 视听处理等内容。

本书由沈阳航空航天大学吕锋及资深闪客辽宁传媒学院张鼎一共同编著，其中，吕锋撰写 30 万字，张鼎一撰写 12 万字。书中的内容是作者十余年实践经验的总结，涉及的内容比较全面，编排循序渐进，结构合理，讲解细致，专业性强。作者巧妙地将要涉及的教学重点融入到案例中，所选案例都具有很强的商业性和专业性，确保读者在学习中不感到枯燥无味，在不知不觉中掌握 Flash CS6 的知识重点，对开拓思路和激发创造性有很大帮助。

为了配合普通高等学校师生利用此书进行教学需要，我们还为授课教师的教学准备了 PowerPoint 多媒体电子教案。

虽然笔者几易其稿，但由于时间仓促，加之水平有限，书中纰漏与失误在所难免，恳请广大读者提出宝贵的批评意见。在学习技术的过程中难免会碰到一些难解的问题，我们衷心希望能够为广大读者提供力所能及的阅读服务，尽可能地帮读者解决一些实际问题。如果读者在学习本书的过程中需要我们的支持，请与机械工业出版社取得联系。

编　者

目　　录

第1章　初识 Adobe Flash 动画

本章要点
- Flash 动画的功能与技术应用领域
- Flash 基本操作

在浏览网页的时候，浏览者的视线总会不由自主地被那些美丽的动画所吸引，同时，会忍不住好奇地想知道这些动画是用什么软件制作出来的，这些动画就是本章所要介绍的 Adobe Flash 动画。本章主要从 Adobe Flash 的功能、Adobe Flash 技术应用领域、Adobe Flash 基本操作 3 个方面使读者初步了解 Adobe Flash 动画。

1.1　Adobe Flash 的功能

Adobe Flash 以其强大的功能、易于上手的特性，得到了广大用户的认可，甚至于疯狂的热爱，很多人不用经过专业训练，通过自学也能制作出很不错的 Flash 动画作品。Flash 的功能主要有以下几方面：

1）利用 Flash 制作的动画是矢量文件，无论把它放大多少倍都不会失真，视觉效果好，并且文件小，传输速度快。

2）Flash 可制作支持流媒体技术的视频播放文件，适应互联网时代的需求。

3）Flash 通过 ActionScript 脚本语言控制，具有交互性技术优势，浏览者可以通过单击、选择等动作决定事件的运行过程和结果。

1.1.1　网页设计

Flash 作为网站一个重要的视觉元素，它不仅能使整个网站呈现多媒体效果，还可以通过数据通信使整个网站素材丰富，形成一个动态的效果。

由于 HTML 语言的功能十分有限，无法达到人们预期的动态效果，在这种情况下，各种脚本语言应运而生，使得网页设计更加多样化。然而，程序设计总是不能很好地普及，因为它要求一定的编程能力，而人们更需要一种既简单直观又有功能强大的动画设计工具，Flash 的出现正好满足了这种需求。

如今，随着计算机技术的不断发展，由于 Flash 自身所拥有的众多优点，Flash 动画在网页设计中的应用日益广泛。在设计的过程中，除了将引导界面做成 Flash 动画形式外，还可将内页中的 Flash 网络广告、Flash 形象展示动画、网站导航栏动画、图片展示动画、Flash 交互动画等以动画的形式进行设计。网站通过对 Flash 的合理利用，可以使站点的内容更加丰富，同时，有一个好的 Flash 动画的网站比没有 Flash 动画的更能吸引人们。因此，在各网站互相竞争时，越来越多种类的 Flash 动画应运而生，后来甚至产生了大量纯 Flash 动画网站,其设计的精妙,让人流连忘返。

　　总而言之,Flash 动画就是网站间竞争的产物,也是为了满足广大网民追求精彩网页内容的产物。发展到现在,Flash 动画几乎已经成为每个网站的组成部分。网页中的 Flash 动画,不但能增加网站的动态效果,还能吸引更多的客户去浏览。一个精彩的 Flash 动画,往往能让那些看到的用户流连忘返,迫不及待地去发现它有什么妙用。通过 Flash,我们能做动感、绚丽、精彩至极的网站,也能做简单、单一的文字图片等动态效果,更能做小到几十字节的单机简单小游戏,大到能遍及全国、有数十万玩家的网络游戏。总之,越来越精彩的互联网离不开 Flash 动画,而 Flash 动画也更能让互联网越来越精彩,如图 1-1 所示。

图 1-1　网页设计

1.1.2　交互设计

　　Flash 动画具有交互性优势,更好地满足受众的需要,它可以让欣赏者的动作成为动画的一部分,通过单击、选择等动作决定动画的运行过程和结果。可视或可触的形象直接呈现在观众面前,引起观众直观的美感,这一点是传统动画所无法比拟的,如图 1-2 所示。

图 1-2　翻页图册交互设计

1.1.3　无纸动画

　　Flash 的出现大大减少了动画片的制作流程,缩短了制作周期,节约了大量资金。Flash

软件的功能非常强大，包括动画前期、加工、后期合成都可以在 Flash 中完成。目前国内的无纸动画制作公司，大多数都使用 Flash 制作动画。Flash 具有流程新、上手快、操作简便、功能全面等优点，可以完全实现动画制作的全无纸化，所以对动画团队的规模要求低，更适合中国国情。Flash 通过关键帧和组件技术的使用使得所生成的动画（.swf）文件非常小，几 K 字节的动画文件已经可以实现许多令人心动的动画效果，使得动画可以在打开网页很短的时间里就得以播放。

目前 Flash 动画主要分为商业用途和个人创作，包括产品广告、网站、故事短片、MTV 等。Flash 动画制作者从接到任务，到最后发布完成，差不多都是一个人。虽然 Flash 动画相对于传统动画来说，在画面动作衔接上不太流畅，略显粗糙，但是它有自己特有的视觉效果。比如，画面往往更夸张起伏，以达到在最短时间内传达最深感受的效果，适应现代观众的审美需要。在制作周期上，半小时的节目，若用 Flash 技术制作，大约 3~4 个月就可完成，若用其他技术通常需用 10~14 个月。从动画制作成本上来看，传统动画片制作成本最低也要 10 000 元/分钟，一部动画短片的制作成本至少需要几十万元，还不包括广告费、播出费等。再加上市场运作与相关产品开发等，制作成本大大高于收入，也因此制约了传统动画片的发展。而 Flash 动画制作成本非常低廉，只需一台计算机、一套软件，就可以制作出绘声绘色的 Flash 动画，大大减少人力、物力资源及时间上的消耗。在中国动画市场资金短缺的环境下，Flash 动画非常适合中国的国情，Flash 无纸动画效果如图 1-3 所示。

图 1-3　Flash 无纸动画效果

1.2　Adobe Flash 技术应用领域

Flash 互动内容已经成为创造网站活力的标志，将 Flash 技术与电视、广告、卡通、MTV 等应用相结合，把 Flash 动画从个人爱好推广为一种产业，渗透到音乐、传媒、广告和游戏等各个领域，可以开拓发展无限的商业机会。下面介绍其主要用途。

1.2.1　娱乐短片

相信绝大多数人都是通过观看网上精彩的娱乐短片知道 Flash 的。Flash 娱乐短片经常以其感人的情节或是搞笑的对白吸引上网者进行观看。这是当前国内最火爆，也是广大 Flash 爱好者最热衷的一个领域——利用 Flash 制作动画短片，供大家娱乐。这是一个发展潜力很大的领域，也是一个 Flash 爱好者展现自我的平台，如图 1-4 所示。

图 1-4　娱乐短片《喜羊羊与灰太狼》

1.2.2　Flash 片头

在网站或多媒体光盘中，可以运用 Flash 制作的一段动画诠释整个光盘内容，并浓缩企业文化为一段简短的多媒体动画。它具有简练、精彩的特性。一段优秀的 Flash 片头设计，代表了一个可以移动的品牌形象，可以运用在企业对外宣传片、行业展会现场、产品发布会现场、项目洽谈演示文档，甚至企业内部酒会等多个领域。在竞争日趋激烈的今天，商家对于自身品牌建设有了一定的认识和重视，更注重对自身频道的动画片头制作，一个精良的动画片头自然会深入观众心，获得观众的认可，也使得自身的品位得到提升。当今社会是"眼球经济"时代，好的片头对于企业的形象起着画龙点睛的作用，极富震撼力的画面和音效能先行引起消费者注意。各大企业都意识到了动画片头的重要性，通过各种手段，建立适合自身特色的整体宣传风格，如图 1-5 所示。

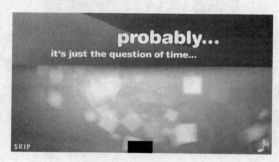

图 1-5　Flash 片头

1.2.3　Flash 广告

随着互联网的发展及 Flash 软件的使用，Flash 广告作为一种新的广告形式被越来越多的人所喜爱并使用，Flash 广告将完美的创意、生动幽默的动画效果、视觉表现手法和声音有效地融合在一起，不仅弥补了传统广告中画面设计单一的不足，而且给人留下了深刻的印象。

在这个信息全球化的时代，人们对新的高端技术的迷恋，导致人们对不同事物的价值观念、审美意识和时空观念也产生了变化。同时，人们对广告设计要求也从静态化、平面化，向动态化、综合化转变。

使用 Flash 制作的广告具有很强的亲和力和交互性优势。与网络的开放性结合在一起，

4

可以更好地满足大众的需要。让欣赏者的动作成为所设计动画的一部分，通过单击、选择等动作决定动画是否开始和关闭，还可使广告的传达更具有趣味性、更加人性化。比起传统的广告和宣传，通过 Flash 广告进行产品宣传有着信息传递效率高、大众接受度高、宣传效果好的显著优势。Flash 动画可以通过网络供人欣赏和下载。由于使用的是矢量图，且文件小、传输速度快，使 Flash 动画迅速崛起。

网站上的广告目前有相当数量使用 Flash 制作，原因就在于 Flash 的表现方式比 GIF 动画要丰富许多。Flash 广告是互联网广告中最时尚、最流行的广告形式。很多电视广告也采用 Flash 进行设计制作。而且 Flash 广告在互联网上发布的发展势头迅猛。根据调查资料显示，国外的很多企业都愿意采用 Flash 制作广告，因为它既可以在互联网上发布，同时也可以存储为视频格式在传统的电视台播放。一次制作，多平台发布，必将使其越来越多地得到更多企业的青睐，Flash 广告示例如图 1-6 所示。

图 1-6   Flash 广告

1.2.4   Flash MV

Flash MV 是有情节、有主题、有声音、有动画的二维动画。在 Flash 动画中加入声音，可以生成多媒体的声音和界面。在制作 MV 的过程中，声情并茂的内容可以最大限度地表现作品的主题，最大限度地发挥作者的 Flash 技能，所以 Flash MV 受到很多人的喜爱。这也是一种应用比较广泛的形式。在一些使用 Flash 制作的网站，几乎每周都有新的 MV 作品产生。在国内，用 Flash 制作 MV 也开始有了商业应用，Flash MV 示列如图 1-7 所示。

图 1-7   Flash MV

1.2.5 应用程序开发界面

传统的应用程序的界面都是静止的图片，而现在由于任何支持 ActiveX 的程序设计系统都可以使用 Flash 动画，所以越来越多的应用程序界面应用了 Flash 动画。客户端的用户界面是否美观、友好、方便，是系统能否成功的关键之一。对于一个软件系统的界面，Flash所具有的特性完全可以为用户提供一个良好的接口，如图 1-8 所示的一个学生登录界面。

图 1-8　学生登录界面

1.2.6 开发网络应用程序

目前 Flash 已经大大增强了网络功能，可以直接通过 XML 读取数据，且加强了与ColdFusion（一种动态 Web 服务器）、Active Server Pages（ASP，动态服务器页面）、JavaServer Pages（JSP，Java 服务器页面）的整合，所以用 Flash 开发网络应用程序肯定会越来越广泛地被采用，Flash Player 网页播放示例如图 1-9 所示。

图 1-9　Flash Player 网页播放

1.2.7 Flash 小游戏

随着现代科技的高速发展，短短几十年，电脑游戏得到迅猛发展。电脑游戏充分利用多媒体网络优势，拓宽了传统游戏的界限，给人们带来了全新的体验。在这些游戏中，Flash 游戏以其好看的动画、绚丽的声光效果、高度的通畅性，以及很强的可玩性，而受到广大青少年的青睐。

现在网络上流行的小游戏大多是运用 Flash 制作的。Flash 游戏是一种新兴起的游戏形式，以游戏简单、操作方便、绿色、无须安装、文件体积小等优点深受广大网友喜爱。Flash 游戏又叫 Flash 小游戏，因为 Flash 游戏主要应用于一些趣味化的、小型的游戏之上，可以完全发挥 Flash 动画基于矢量图的优势。

对于大多数的 Flash 学习者来说，制作 Flash 游戏一直是一项很吸引人也很有趣的工作，甚至许多"闪客"都以制作精彩的 Flash 游戏作为主要的目标。随着 ActionScript 动态脚本编程语言的逐渐发展，Flash 已经不再仅局限于制作简单的交互动画程序，而是致力于通过复杂的动态脚本编程制作出各种各样有趣、精彩的 Flash 互动游戏，Flash 小游戏的示例如图 1-10 所示。

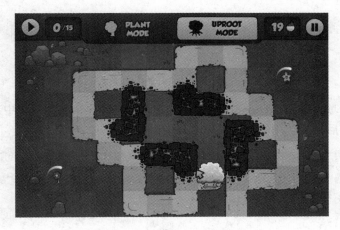

图 1-10　Flash 小游戏

1.3　Adobe Flash 基本操作

要正确、高效地运用 Flash CS6 软件来制作动画，必须了解 Flash CS6 的工作界面及各部分功能。Flash CS6 的工作界面继承了以前版本的风格，只是看起来更加美观，使用起来更加方便快捷。Flash CS6 的工作界面由菜单栏、工具箱、"属性"面板、时间轴、舞台和"场景"面板等组成。

1.3.1　建立 Adobe Flash 文件

启动 Flash CS6 后，在"开始"页中的"新建"项目下包括 ActionScript 3.0、ActionScript 2.0、AIR、AIR for Android、AIR for iOS、Flash Lite 4、ActionScript 文件、Flash JavaScript 文件、Flash 项目、ActionScript 3.0 类和 ActionScript 3.0 接口等 11 个选项。在"开始"页中，如图 1-11 所示，单击任何一个新项目都可以进入该项目的编辑窗口。

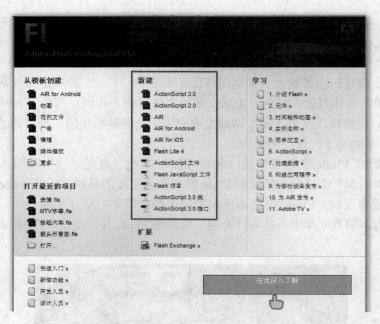

图 1-11　"开始"页

　　选择"新建"项目下的 ActionScript 3.0 选项，将在 Flash 文件窗口中新建一个 Flash 文件，这时将进入以后频繁使用的动画编辑主场景，如图 1-12 所示。

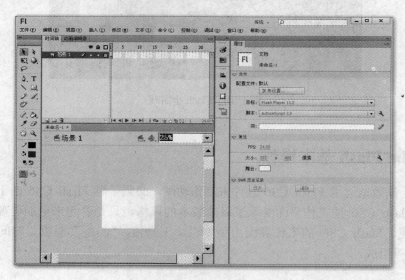

图 1-12　新建文件

1.3.2　Adobe Flash 的预览和工程文件保存

　　（1）预览打印内容

　　设置好打印参数后，选择"文件"→"发布预览"菜单命令可以预览打印内容，如图 1-13 所示。

（2）保存当前文件

在完成制作后，可以将文件保存，保存当前文件的步骤如下：

1）选择"文件"→"保存"菜单命令，如图1-14所示。

 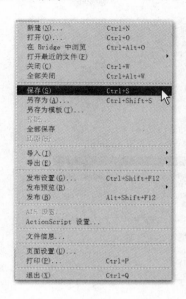

图1-13　发布预览　　　　　　　　　　图1-14　"保存"菜单命令

2）此时打开"另存为"对话框，在其中选择文件保存的路径并输入文件名称后，单击"保存"按钮，如图1-15所示。

图1-15　"另存为"对话框

3）在Flash工作界面的标题栏中会显示刚保存过的文件名。

📖　如果在原影片中进行修改后，仍想保留原影片，选择"文件"→"另存为"菜单命令，可以保存为新文件。这样可以保留原文件，生成新的文件。

（3）保存为 SWF 文件

1）选择"文件"→"导出"→"导出影片"命令，如图 1-16、图 1-17 所示，打开"导出影片"对话框。

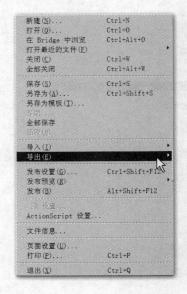

图 1-16 "导出"菜单命令 　　　　　　　　　　　　　　图 1-17 导出影片

2）在"导出影片"对话框中将"保存类型"设置为"SWF 影片(*.swf)"文件类型，如图 1-18 所示。

图 1-18 保存为 SWF 文件

3）单击"保存"按钮，即可将 Flash 文件保存为 SWF 文件。

📖 影片制作完成后，按〈Ctrl+Enter〉组合键，会自动生成SWF文件，同时可以在工作界面中预览。执行这个操作生成的文件会自动覆盖先前的文件，只保留最新测试的文件。

（4）另存为图像文件

1）选择"文件"→"导出"→"导出图像"菜单命令，如图1-19所示。

图1-19 "导出图像"菜单命令

2）打开"导出图像"对话框。在该对话框的"保存类型"下拉列表中可以选择多种图像的格式进行保存，如SWF影片、Adobe FXG、位图、JPEG图像、GIF图像、PNG等。另外，根据图像的形式设置图像质量或版本的属性，如图1-20所示。

图1-20 保存类型

（5）同时保存为多个文件格式

1）选择"文件"→"发布设置"菜单命令，可以制作各式各样的文件，如图1-21所示。

2）在"发布设置"对话框中选择要制作的文件格式后，单击"发布"按钮即可，如图1-22所示。

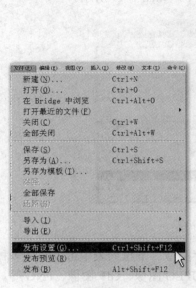

图1-21 "发布设置"菜单命令

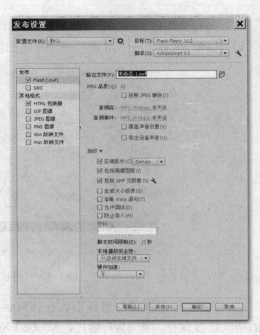

图1-22 "发布设置"对话框

1.3.3　Adobe Flash CS6 软件界面布局

双击 Flash CS6 快捷方式图标，出现初始界面，如图 1-23 所示。单击初始界面中"新建"下的 ActionScript 3.0 选项即可新建一个文件，打开 Flash CS6 的工作界面，如图 1-24 所示。

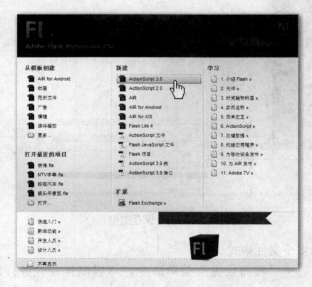

图1-23 初始界面

12

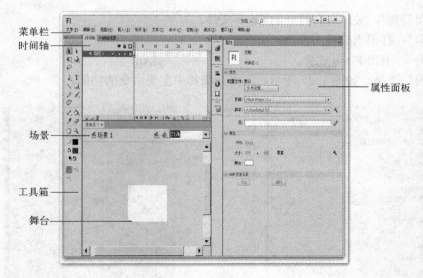

菜单栏
时间轴
属性面板
场景
工具箱
舞台

图 1-24　工作界面

1. 菜单栏

菜单栏是最常见的界面要素，它包括"文件""编辑""视图""插入""修改""文本""命令""控制""调试""窗口"和"帮助"等一系列菜单，根据不同的功能类型，可以快速地找到所要使用的各项功能选项。如图 1-25 所示。

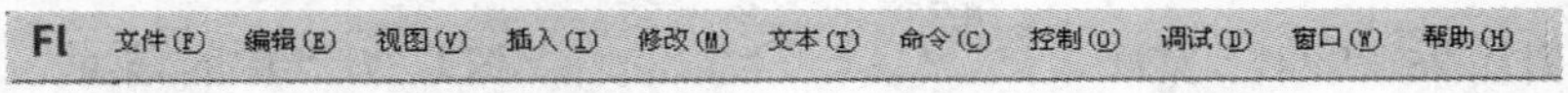

Fl　文件(F)　编辑(E)　视图(V)　插入(I)　修改(M)　文本(T)　命令(C)　控制(O)　调试(D)　窗口(W)　帮助(H)

图 1-25　菜单栏

下面介绍各菜单的功能，使读者对 Flash CS6 系统菜单有一个全面的了解。

1）"文件"菜单，如图 1-26 所示，下面介绍其中主要命令的功能。

- "新建"：新建一个动画文件。
- "打开"：打开一个已经存在的 Flash 文件。
- "打开最近的文件"：打开最近编辑过的 Flash 文件。
- "关闭"：关闭当前正在编辑的文件，包括关闭工具栏。
- "全部关闭"：关闭所有打开的 Flash 文件。
- "保存"：保存当前文件。
- "另存为"：将当前文件另存为其他文件。
- "另存为模板"：将当前动画文件保存为一个模板文件。
- "全部保存"：保存所有正在编辑的文件。
- "还原"：将当前文件恢复到最近一次保存时的状态。
- "导入"：将外部文件直接引入到舞台、库等。
- "导出"：输出当前文件。
- "发布设置"：设置发布文件的类型及属性。
- "发布预览"：发布前可以预览多种格式文件的发布效果。
- "发布"：以设定好的文件发布格式生成相应的动画文件。

- "页面设置"：关闭所有打开的 Flash 文件。
- "打印"：打印当前帧的图形。
- "退出"：退出 Flash 软件。

2）"编辑"菜单，如图 1-27 所示，下面介绍其中主要命令的功能。

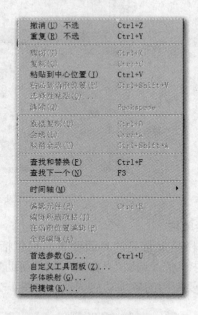

图 1-26 "文件"菜单　　　　　　图 1-27 "编辑"菜单

- "撤销"：撤销上一步的编辑操作。
- "重复"：重复上一步的编辑操作。
- "剪切"：将选定对象剪切删除，并将其保存在系统剪贴板中。
- "复制"：对选定对象进行复制，并将其保存在系统剪贴板中。
- "粘贴到中心位置"：将系统剪贴板中的对象粘贴到舞台的中心位置。
- "粘贴到当前位置"：将系统剪贴板中的对象粘贴到其复制时的画面位置。
- "选择性粘贴"：对剪贴板上的内容进行选择性粘贴。
- "清除"：删除选定的图形或对象。
- "取消全选"：取消当前场景中的全部对象。
- "时间轴"：对时间轴上的帧进行剪切、复制、删除等操作。
- "首选参数"：对当前文件的参数进行设置。
- "自定义工具面板"：对工具面板自行设置。
- "字体映射"：在动画播放时若缺少需要的字体，可以选择一种替代的字体。
- "快捷键"：显示系统各个命令的快捷键。

3）"视图"菜单，如图 1-28 所示，下面介绍其中主要命令的功能。

- "转到"：跳转到选定的其他场景。
- "放大"：将当前舞台内容放大一倍显示。
- "缩小"：将当前舞台内容缩小一半显示。

- "缩放比率"：按照一定的比例或方式显示舞台内容。
- "预览模式"：预览舞台内容的模式设定。
- "标尺"：控制是否显示舞台之外的辅助工作区域。
- "网格"：控制是否在舞台上显示网格以辅助绘图。
- "辅助线"：选择是否在舞台中显示定位辅助线以帮助对象准确定位。
- "隐藏边缘"：隐藏选中对象时的选择标记。

4）"插入"菜单，如图 1-29 所示，下面介绍其中主要命令的功能。

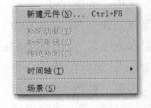

图 1-28 "视图"菜单　　　　　　　　　图 1-29 "插入"菜单

- "新建元件"：新建一个元件对象。
- "补间动画"：在关键帧之间创建补间动画。
- "补间形状"：在关键帧之间创建补间形状。
- "传统补间"：在关键帧之间创建传统补间。
- "时间轴"：对时间轴进行层和帧的指令动作。
- "场景"：添加一个新场景。

5）"修改"菜单，如图 1-30 所示，下面介绍其中主要命令的功能。

- "文档"：修改当前文档的属性。
- "转换为元件"：把选定的对象转换为元件。
- "组合"：将一个或多个对象组合为一个群组。
- "取消组合"：将一个群组拆散。

6）"文本"菜单，如图 1-31 所示。下面介绍其中主要命令的功能。

图 1-30 "修改"菜单　　　　　　　　　图 1-31 "文本"菜单

- "字体": 设置文字对象的字体。
- "大小": 调整文字对象的大小。
- "样式": 调整文字对象的显示风格。
- "对齐": 调整文字对象的对齐方式。
- "字母间距": 调整文字对象的字符间距。
- "可滚动": 设置动态文本框是否带滚动条。
- "检查拼写": 可检查整个 Flash 文档中的文本拼写。
- "拼写设置": 可指定用于检查拼写功能的选项。
- "字体嵌入": 为每个嵌入的字体创建字体元件。

7)"命令"菜单，如图 1-32 所示，下面介绍其中主要命令的功能。

- "管理保存的命令": 可以重命名或删除命令。
- "获取更多命令": 可链接到 Flash 站点，并下载其他 Flash 用户粘贴的命令。
- "运行命令": 运行创建的命令。

8)"控制"菜单，如图 1-33 所示，下面介绍其中主要命令的功能。

- "播放": 播放当前正在编辑的动画文件。
- "后退": 返回到动画的第一帧。
- "转到结尾": 跳转到动画的最后一帧。
- "循环播放": 循环播放动画。

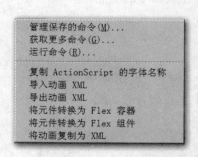

图 1-32 "命令"菜单

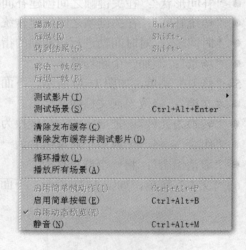

图 1-33 "控制"菜单

9)"窗口"菜单，如图 1-34 所示。

"窗口"菜单中的命令主要是控制各个功能面板是否显示，以及面板布局的设置，选项前面带有 ✔ 符号的说明其对应的功能面板已经打开并显示了。

10)"帮助"菜单，如图 1-35 所示。

"帮助"菜单提供了 Flash CS6 的在线帮助信息和支持站点的信息。

图 1-34 "窗口"菜单　　　　　　　　　　图 1-35 "帮助"菜单

2. 工具箱

利用工具箱中的工具可绘制、选择和修改图形对象，给图形填充颜色，改变场景的显示，或者设置工具选项等。之后的章节会具体讲解其中各项功能的应用。工具箱菜单如图 1-36 所示。

（1）工具区域中的工具按钮

- "选择工具" ：选择和移动舞台中的对象，改变对象的大小和形状。
- "部分选取工具" ：从选中对象中再选择部分内容。
- "任意变形工具" ：对图形进行缩放、扭曲和旋转变形。
- "3D 旋转工具" ：对给影片剪辑实例添加的 3D 透视效果进行编辑。
- "套索工具" ：用于在舞台中选择不规则区域或多个对象。
- "钢笔工具" ：绘制更加精确、光滑的曲线，调整曲线曲率等。
- "文本工具" ：用于创建和编辑字符对象和文本表单。
- "线条工具" ：用于绘制各种长度和角度的直线段。
- "矩形工具" ：绘制矩形的矢量色块或图形。
- "铅笔工具" ：绘制任意形状的曲线矢量图形。
- "刷子工具" ：绘制任意形状的色块矢量图形。
- "Deco 工具" ：可以将创建的图形形状转换为复杂的几何图案。
- "骨骼工具" ：骨骼工具就像 3D 软件中的工具一样，可为动画　图 1-36　工具箱
  角色添加骨骼，可以很轻松地制作出各种动作的动画。
- "颜料桶工具" ：改变填充色块的色彩属性。
- "滴管工具" ：将舞台中已有对象的一些属性赋予当前绘图工具。

17

● "橡皮擦工具" ：擦除工作区中正在编辑的对象。

（2）查看区域中的工具按钮

● "手形工具"：通过鼠标拖曳来移动舞台画面，以便更好地观察。

● "缩放工具"：可以改变舞台画面的显示比例。

（3）颜色区域中的工具按钮

● "笔触颜色工具"：选择图形边框和线条的颜色。

● "填充颜色工具"：选择图形中要填充的颜色。

3. 时间轴

"时间轴"面板以图层和时间轴方式组织文档内容，与电影胶片类似。Flash 动画的基本单位为帧，多个帧上的画面连续播放，便形成了动画。图层就像堆叠在一起的多张幻灯片，每个图层都有独立的时间轴。这样，多个图层的综合运用，便能形成复杂的动画。

选择"窗口"→"时间轴"菜单命令或者按〈Ctrl+Alt+T〉组合键，可以打开或者关闭"时间轴"面板，如图 1-37 所示。

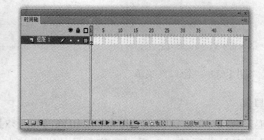

图 1-37 "时间轴"菜单命令和面板

4. 舞台和场景

舞台是 Flash 创作的工作区域，如图 1-38 所示，舞台是绘制和编辑动画内容的区域，这些内容包括矢量插图、文本框、按钮、导入的位图图形或视频剪辑等。动画在播放时仅显示舞台上的内容，对于舞台之外的内容是不显示的。

图 1-38 舞台和场景

18

5. "属性"面板

在 Flash CS6 中，用于显示或更改当前动画文档、文本、元件、形状、位图、视频、组帧或工具的相关信息和设置。根据所选对象的不同，该面板中显示的内容也不相同。

选择"窗口"→"属性"菜单命令或者按〈Ctrl+F3〉组合键，可以打开"属性"面板，如图 1-39、图 1-40 所示。

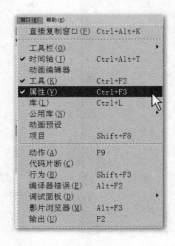

图 1-39 "属性"菜单命令　　　　　　　图 1-40 "属性"面板

当选中工作区中的某个对象后，"属性"面板中会立即显示该对象的相应属性，然后允许我们直接通过该面板修改对象属性，如图 1-41 所示。

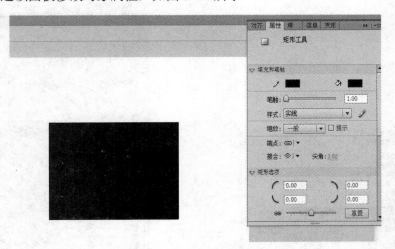

图 1-41 对象的相应属性

在"属性"面板中单击"选项菜单"按钮 ，弹出面板的选项菜单，从中可选择相关命令进行操作。

6. "库"面板

在"库"面板中可以方便快捷地查找、组织及调用资源，"库"面板提供了动画中数据项的许多信息。库中存储的元素称为"元件"，可以重复利用。元件一般包括"影片剪辑"

19

"按钮"和"图形"3种,其具体概念和使用方法将在后面的内容中介绍。

　　选择"窗口"→"库"菜单命令或者按〈F11〉键即可打开"库"面板,如图 1-42 所示。

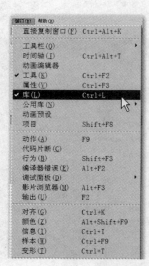

图 1-42 "库"面板

　　选择"窗口"→"公用库"菜单命令。选择其中的一个子菜单,可以打开"外部库"面板,如图 1-43、图 1-44 所示。

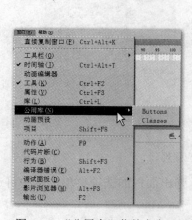

图 1-43 "公用库"菜单命令　　　　　　　　　图 1-44 "外部库"面板

7. "颜色"面板

　　选择"窗口"→"颜色"菜单命令,或者按〈Alt+Shift+F9〉组合键,即可打开"颜色"面板，使用"颜色"面板可以创建和编辑纯色及透明度等，如图1-45所示。

（1）设置纯色

在类型下拉列表中选择"纯色"选项，如图1-46所示。在R、G、B三个数值框中输入数值，即可设定和编辑颜色。在选择了一种基本色后，还可以调节黑色小三角形的位置进行进一步的颜色选择。在A（Alpha）数值框中可以设置对象的透明度，数值为100%时，对象为不透明的；数值为0%时，对象为完全透明的。

图1-45 "颜色"菜单命令

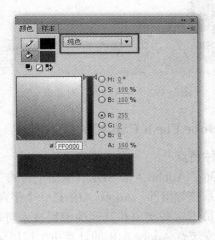

图1-46 "纯色"选项

（2）设置渐变

在类型下拉列表中可以看到有两种渐变方式："线性"渐变和"径向"渐变。"线性"渐变的颜色是直线变化的，如图1-47所示。"径向"渐变是从内到外的扩散式变化，并且还可以随意地改变渐变的颜色和渐变的幅度，如图1-48所示。

图1-47 "线性"渐变

图1-48 "径向"渐变

（3）位图填充

在类型下拉列表中选择"位图填充"选项，打开"导入到库"对话框，如图 1-49 所示。在对话框中找到并选择要填充的位图图片，单击"打开"按钮，将其导入到"颜色"面板中，如图 1-50 所示。选择要填充的对象，导入的位图图片即成为对象填充位图。

图 1-49 "导入到库"对话框

图 1-50 位图填充

1.3.4 Adobe Flash CS6 相关技术概述

1. 软件特点

● 精简了 Adobe AIR SDK（官方的标准开发工具包）、Bridge CS6、多国语言、激活/升级系统等组件。Adobe AIR 是一个平台，这个平台提供一些软件接口，想开发软件的人员用这些接口和其他的编程技术可以开发一些软件，而这些开发出来的软件只有在安装有 Adobe AIR 的计算机上可以运行。

● 使用 SQLLite 准确注册程序，为以后安装其他 Adobe 程序做好准备。

● 能关联相关的文件。

● 程序不含任何第三方插件。

2. 新增功能

Flash CS6 软件内含强大的工具集，具有排版精确、版面保真和丰富的动画编辑功能，能帮助您清晰地传达创作构思。要想了解所安装的版本，在 Flash 应用程序中选择"帮助"→"Flash 帮助"菜单命令即可，如图 1-51 所示。

下面我们来介绍一下 Flash CS6 的新增功能，可以使用复杂的视频工具、强大的动画和交互式设计工具，超越创意可能性的极限。

（1）支持 Adobe AIR 3.4（仅限 Flash CS、Update12.0.2）

通过 Flash CS6、Update 12.0.2，Flash 扩展了对 AIR 3.4 和 Flash Player 11.4 的支持。允许 Flash 利用 AIR 3.4 所提供的功能，从而改善针对 iOS 设备的应用程序开发工作流程。

● 可直接在 iOS 设备上部署 AIR 应用程序。

图 1-51 "Flash 帮助"菜单命令

- 支持本机 iOS 模拟器。
- 支持新款 iPad 的高分辨率 Retina 显示屏。

（2）Toolkit for CreateJS 1.1

Toolkit for CreateJS 1.1 发行版针对将以下 Flash 功能转换到 HTML 5 扩展了支持。

- 补间动画。
- 补间形状。
- 遮罩图层。
- 多帧边界。

此发行版还针对添加命名空间提供了一个新的用户界面。此外，Toolkit for CreateJS 的性能也得到大幅改进，使得发布过程更为快速。

📖 Toolkit for CreateJS 1.1 与 Flash CS6、Update 12.0.2 安装程序打包在一起。该安装程序在安装 Flash CS6、Update 12.0.2 之后，会立即启动 Extension Manager（以便安装 Toolkit for CreateJS 1.1）。

（3）针对 AIR 的移动内容模拟

新移动内容模拟器允许模拟硬件按键、加速器、多点触控和地理定位。

（4）为 AIR 远程调试选择网络接口

在将 AIR 应用程序发布到 Android 或 iOS 设备时，可以选择用于远程调试的网络接口。Flash 会将选定网络接口的 IP 地址打包到调试模式移动应用程序中。当应用程序在目标移动设备上启动时，它会自动连接到主机 IP，开始调试会话。进行设置时，可选择"文件"→"发布设置"菜单命令，然后在"AIR 设置"对话框中切换到"部署"选项卡。

（5）导出 Sprite 表

通过选择库中或舞台上的元件，可以导出 Sprite 表。Sprite 表是一个图形图像文件，该文件包含选定元件中使用的所有图形元素。在文件中会以平铺方式安排这些元素。在库中选择元件时，还可以包含库中的位图。要创建 Sprite 表，可以执行以下步骤：

1）在库中或舞台上选择元件。

2）右击元件，然后在弹出的快捷菜单中选择"生成 Sprite 表"命令，之后会打开"生成 Sprite 表"对话框。如图 1-52、图 1-53 所示。

图 1-52 "生成 Sprite 表"命令

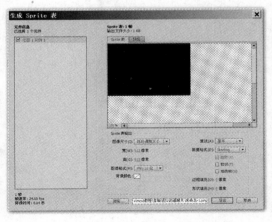

图 1-53 "生成 Sprite 表"对话框

（6）高效 SWF 压缩

对于面向 Flash Player 11 或更高版本的 SWF，可使用一种新的压缩算法，即 LZMA。此新压缩算法效率会提高 40%，特别是对包含很多 ActionScript 或矢量图形的文件而言。

1）选择"文件"→"发布设置"菜单命令。

2）在对话框的"高级"选项组中选择"压缩影片"复选框，然后从下拉列表中选择 LZMA 选项，如图 1-54 所示。

图 1-54 选择 LZMA 选项

（7）直接模式发布

可以使用一种名为直接的新窗口模式，它支持使用 Stage3D 的硬件加速内容（Stage3D 要求使用 Flash Player 11 或更高版本），可以按以下步骤进行操作：

1）选择"文件"→"发布设置"菜单命令。

2）选择"HTML 包装器"复选框，如图 1-55 所示。

3）从"窗口模式"下拉列表中选择"直接"选项，如图 1-56 所示。

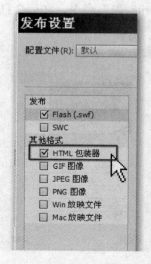

图 1-55 选择"HTML 包装器"复选框

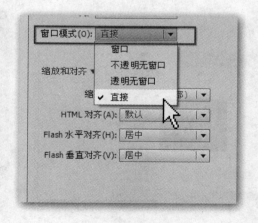

图 1-56 选择"直接"选项

（8）在 AIR 插件中支持直接渲染模式

此功能为 AIR 应用程序提供对 Stage Video、Stage3D 的 Flash Player Direct 模式渲染支持。可为 AIR for Desktop、AIR for iOS 和 AIR for Android 设置"直接"模式。

（9）通过 Wi-Fi 调试 iOS

可以通过 Wi-Fi 调试关于 iOS 的 AIR 应用程序，其中包括断点、单步执行跳入子函数和单步执行跳出子函数、变量监视器和追踪。

（10）支持 AIR 的运行时绑定

针对 AIR 的"发布设置"对话框，现在有一个将 AIR 运行时嵌入到应用程序包的选项。嵌入了运行时的应用程序可以在任何桌面、Android 或 iOS 设备上运行，而不用再安装共享的 AIR 运行时。

（11）用于 AIR 的本机扩展

可以将本机扩展合并到您在 Flash 中开发的 AIR 应用程序中。通过使用本机扩展，应用程序可以访问目标平台上的所有功能，即使运行时本身没有内置对这些功能的支持也可以。

（12）从 Flash 获取最新版的 Flash Player

现在从 Flash 的"帮助"菜单即可直接跳转到 Adobe.com 上的 Flash Player 下载页面。

（13）导出 PNG 序列文件

使用此功能可以生成图像文件，Flash 或其他应用程序可使用这些图像文件生成内容。例如，PNG 序列文件会经常在游戏应用程序中用到。使用此功能，您可以从库项目或舞台上的单独影片剪辑、图形元件和按钮中导出一系列 PNG 文件。可以按以下步骤进行操作：

1）在库中或舞台上选择单个影片剪辑、按钮或图形元件。

2）右击显示快捷菜单。

3）选择"导出 PNG 序列"命令，如图 1-57 所示。

4）在"导出 PNG 序列"对话框中，选择输出位置。单击"保存"按钮，如图 1-58 所示。

图 1-57 选择"导出 PNG 序列文件"

图 1-58 "导出 PNG 序列"对话框

5）在"导出 PNG 序列"对话框中，设置相关选项。单击"导出"按钮，导出 PNG 序列文件，如图 1-59 所示。

3．ActionScript 3.0 的增强功能

Flash 包含多个 ActionScript 版本，可以满足各类开发人员和回放硬件的需要。ActionScript 3.0 的执行速度极快，与其他的 ActionScript 版本相比，此版本要求开发人员对面向对象的编程概念有更深入的了解。使用最新且最具创新性的 ActionScript 3.0 语言，能高效地进行工作。

ActionScript 3.0 中的改进部分包括新增的核心语言功能，以及能够更好地控制低级对象的改进 Flash Player API。

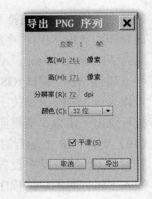

图 1-59 "导出 PNG 序列"对话框

（1）ActionScript 3.0 开发

使用最新的 ActionScript 3.0 语言，可以节省时间。该语言具有改进的性能、增强的灵活性，以及更加直观和结构化的开发能力。

（2）高级调试器

可使用功能强大的新的 ActionScript 调试器测试内容。Flash 包括一个单独的 ActionScript 3.0 调试器，它仅用于 ActionScript 3.0 FLA 和 AS 文件。FLA 文件必须将发布设置设为 Flash Player 9.0。

（3）脚本辅助

使用脚本辅助功能便于脚本的编写。脚本辅助提供了一个可视化用户界面，用于编辑脚本，包括自动完成语法及任何给定操作的参数描述。

（4）操作面板

通过从操作面板的不同语言配置文件中进行选择（包括用于移动开发的配置文件），可以轻松地使用 ActionScript 语言的不同版本。

（5）将动画转换为 ActionScript

能及时地将时间线动画转换为可由开发人员轻松编辑、再次使用和利用的 ActionScript 3.0 代码，将动画从一个对象复制到另一个对象。

（6）用户界面

可以使用新的、轻量的、可轻松设置外观的界面组件，为 ActionScript 3.0 创建交互式内容。可以使用绘图工具以可视方式修改组件的外观，而不需要进行编码。

4．技术规范

技术规范是标准文件的一种形式，是规定产品、过程或服务应满足技术要求的文件。它可以是一项标准（即技术标准）、一项标准的一部分或一项标准的独立部分。其强制性弱于标准。以下是 Flash CS6 的技术规范。

（1）Windows

● Intel Pentium4 或 AMD Athlon64 处理器。

● 带服务包 3 或 Windows 7 的 Microsoft Windows XP。

● 2GB 内存（推荐 3GB）。

● 3.5GB 可用硬盘空间用于安装；安装过程中需要额外的可用空间（无法安装在可移动闪存设备上）。

- 1024dpi×768dpi 显示屏（推荐 1280dpi×800dpi）。
- Java runtime environment 1.6.0（随附）。
- DVD-ROM 驱动器。
- 多媒体功能需要 QuickTime 7.6.6 软件。
- Adobe Bridge 中的某些功能依赖于支持 DirectX9 的图形卡（至少配备 64MB VRAM）。

（2）Mac OS

- Intel 多核处理器。
- Mac OS X 10.6 或 10.7 版。
- 2GB 内存（推荐 3GB）。
- 4GB 可用硬盘空间用于安装程序；安装过程中需要额外的可用空间（无法安装在使用区分大小写的文件系统的卷或可移动闪存设备上）。
- 1024dpi×768dpi 显示屏（推荐 1280dpi×800dpi）。
- Java 运行环境 JDK1.6。
- DVD-ROM 驱动器。
- 多媒体功能需要 QuickTime 7.6.6 软件。

1.3.5 Adobe Flash CS6 模板

Flash 模板为创作各种常见项目提供了易于使用的起点。有许多模板可供项目使用，如动画模板、范例文件模板、广告模板、横幅模板、媒体播放模板及演示文稿模板。

1. 动画模板

动画模板包括许多常见类型的动画，包括动作、加亮显示、发光和缓动几类动画，如图 1-60 所示。

图 1-60　动画模板

2. 范例文件模板

这些文件提供了 Flash 中常用功能的范例，如图 1-61 所示。

图 1-61　范例文件

3. 广告模板

广告模板中列出了在线广告中常用的广告动画页面的大小规格，如图 1-62 所示。

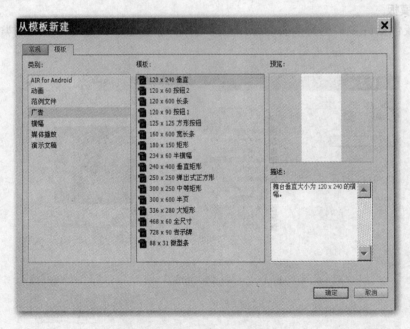

图 1-62　广告模板

4. 横幅模板

横幅模板列出了网站界面中常用的横幅尺寸，如图1-63所示。

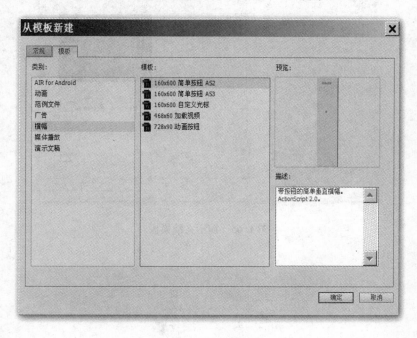

图 1-63 横幅模板

5. 媒体播放模板

媒体播放模板列出了常用的网页媒体播放的模板格式与规格，如图1-64所示。

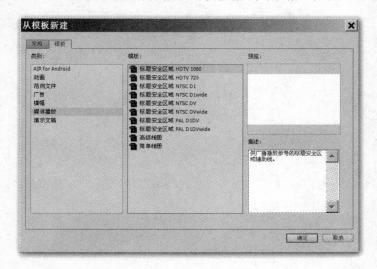

图 1-64 媒体播放模板

6. 演示文稿模板

演示文稿模板列出了简单的和高级的演示文稿样式，如图1-65所示。

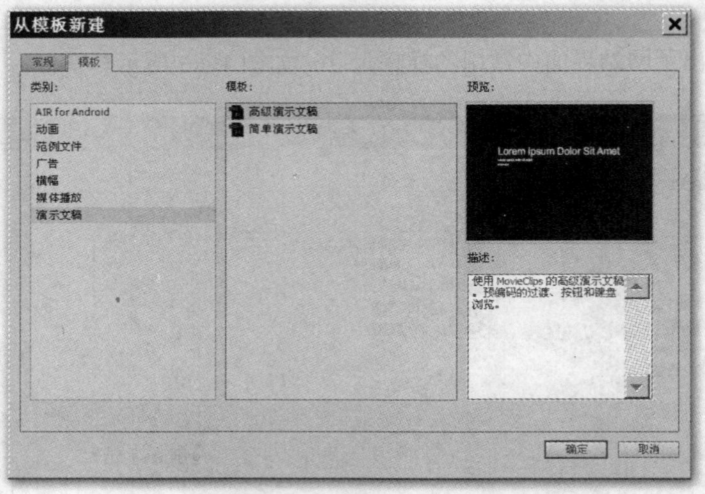

图 1-65　演示文稿模板

第 2 章　Adobe Flash 绘图技巧

本章要点
- Flash 操作环境设置
- 绘制图形和文本工具

Adobe Flash CS6 提供了丰富易用的绘图工具和强大便捷的动画制作系统，可以帮助用户制作出丰富多彩的 Flash 动画。但是，要想真正制作出好的动画，就必须对 Flash 中的各种工具有充分的认识，并能熟练地使用。本章主要介绍如何使用 Adobe Flash CS6 提供的各种工具进行图形的创作和编辑，通过各种实际的案例，让读者更高效地掌握 Flash 绘图技巧。

2.1　操作环境设置

本节将详细介绍 Adobe Flash CS6 的文件属性，标尺、网格和辅助线，手形工具和缩放工具，并通过相应的实际案例，使读者能够更深入地了解 Adobe Flash CS6 操作环境设置。

2.1.1　Adobe Flash CS6 文件属性

1. 设置工作参数

选择"编辑"→"首选项参数"菜单命令，弹出"首选参数"对话框，如图 2-1 所示。

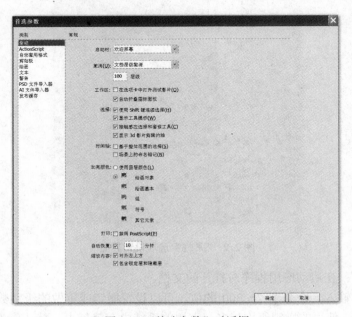

图 2-1　"首选参数"对话框

参数选择的"类别"列表框中有 9 个选项。分别是"常规"、ActionScript、"自动套用格式""剪贴板""绘画""文本""警告""PSD 文件导入器""AI 文件导入器"和"发布缓存"。

- 常规：设置 Flash 的整体环境。
- ActionScript：设置 ActionScript 的编程环境。
- 自动套用格式：确定以自动或手动方式设置代码格式，以及代码的缩进。
- 剪贴板：设置位图的各种参数。
- 绘画：设置用钢笔绘制图形相关的参数。
- 文本：设置与字体、文本相关的参数。
- 警告：设定当程序出现可识别的错误时，是否出现警告信息。
- PSD 文件导入器：设置导入的 PSD 文件。
- AI 文件导入器：设置导入的 AI 矢量文件。

(1)"常规"选项设置界面

"常规"选项设置界面如图 2-2 所示。

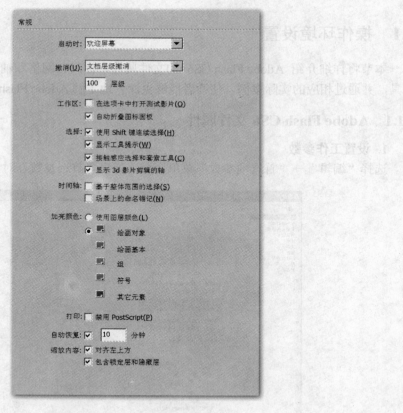

图 2-2 "常规"选项设置界面

- "启动时"：在启动应用程序时打开的文档。
- "撤销"：输入一个介于 2～300 的值，可以设置撤销或重做的级别数。撤销级别需要消耗内存；使用的撤销级别越多，占用的系统内存就越大。默认值为 100。

- "文档或对象层级撤销"："文档层级撤销"维护一个列表，其中包含用户对整个 Flash 文档的所有操作。"对象层级撤销"针对文档中每个对象的操作单独维护一个列表。使用"对象层级撤销"可以撤销针对某个对象的操作，而无须另外撤销针对修改时间比目标对象更近的其他对象的操作。
- "工作区"：选中"在选项卡中打开测试影片"复选框，可以在选择"控制"→"测试影片"命令时在应用程序窗口中打开一个新的文档选项卡，默认情况是在其自己的窗口中打开测试影片。
- "选择"：此选项组包括 3 个复选框。

选中或取消选中"使用 Shift 键连续选择"复选框，可控制选择多个元素的方式。如果取消选中"使用 Shift 键连续选择"复选框，则单击附加元素可将它们添加到当前选择中；如果选中"使用 Shift 键连续选择"复选框，则单击附加元素将取消选择其他元素。

"显示工具提示"：选中该复选框，当指针悬停在控件上时会显示工具提示。如果取消选中该复选框，则可以隐藏工具提示。

"接触感应选择和套索工具"：当使用"选择工具" 或"套索工具" 进行拖曳时，如果选取框矩形中包括了对象的任何部分，则对象将被选中。默认情况是仅当工具的选取框矩形完全包围了对象时，才选中对象。
- "时间轴"：此选项组包括两个复选框。

选中"基于整体范围的选择"复选框，可以在时间轴中使用基于整体范围的选择，而不是默认的基于帧的选择。

"场景上的命名锚记"：将文档中每个场景的第一个帧作为命名锚记。命名锚记可以使用浏览器中的"前进"和"后退"按钮从一个场景跳到另一个场景。
- "加亮颜色"：在面板中选择一种颜色，或者选中"使用图层颜色"单选按钮，可以使用当前图层的轮廓颜色。
- "打印"：选中"禁用 PostScript"复选框，可以在打印到 PostScript 打印机时禁用 PostScript 输出。默认情况下，此复选框处于取消选中状态。如果打印到 PostScript 打印机有问题，则可以选择此复选框，但是会减慢打印速度。

（2）"剪贴板"选项设置界面

"剪贴板"选项设置界面如图 2-3 所示。
- "位图（仅限 Windows）"：选择各自对应的选项，可以指定复制到剪贴板的位图的"颜色深度"和"分辨率"参数，在"大小限制"文本框中输入值，可以指定将位图图像放在剪贴板上时所使用的内存量，在处理大型或高分辨率的位图图像时，可以增加此值。

（3）"文本"选项设置界面

"文本"选项设置界面如图 2-4 所示。
- "字体映射默认设置"：选择在 Flash 中打开文档时用于替换缺少的字体的字体。
- "垂直文本"选项：选中"默认文本方向"复选框（默认为取消选中）。如果启用"从右至左的文本流向"复选框，则可以翻转默认的文本显示方向（默认为取消启用）。如果启用"不调整字距"复选框，则可以关闭垂直文本的字距调整（默认为取消启用）。关闭字距调整对于改善某些使用字距调整表的字体的间距质量非常有用。

● "输入方法"：选择适当的语言。

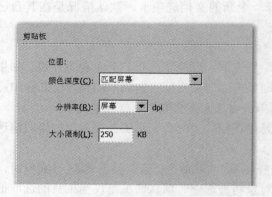

图 2-3 "剪贴板"选项设置界面

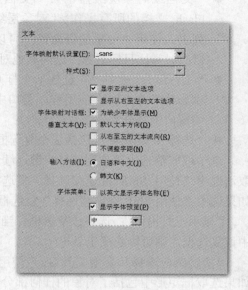

图 2-4 "文本"选项设置界面

（4）"警告"选项设置界面

"警告"选项设置界面如图 2-5 所示。

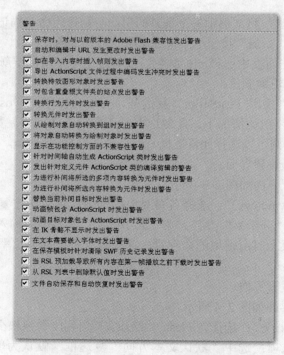

图 2-5 "警告"选项设置界面

● 选中"保存时，对与以前版本的 Adobe Flash 兼容性发出警告"复选框，可以将包含
　Flash CS6 创作工具的特定内容的文档保存为以前版本的文件（默认设置）。

- 选中"启动和编辑中 URL 发生更改时发出警告"复选框，可以在文档的 URL 自上次打开和编辑以来已发生更改时收到警告。
- 选中"如在导入内容时插入帧则发出警告"复选框，可以在 Flash 将帧插入文档中以容纳导入的音频或视频文件时收到警告。
- 选中"转换特效图形对象时发出警告"复选框，可以在试图编辑已应用时间轴特效的元件时收到警告。

2. 设置文档属性

（1）在"文档设置"对话框中进行设置

在文档打开的情况下，选择"修改"→"文档"菜单命令（或者按〈Ctrl+J〉组合键），打开"文档设置"对话框，如图 2-6 所示。

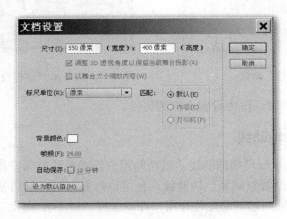

图 2-6 "文档设置"对话框

- "尺寸"：以像素为单位在宽度和高度数值框中输入数值，可以指定舞台的大小。最小为 1 像素，最大为 2880 像素。
- "标尺单位"：单击"标尺单位"右侧的下拉按钮，在弹出的下拉列表中选择可以显示在应用程序窗口上沿和侧沿的标尺的度量单位。
- "匹配"：选中"匹配"右侧的"内容"单选按钮，可以将舞台大小设置为内容四周的空间都相等；选中"打印机"单选按钮，可以将舞台大小设置为最大的可用打印区域，此区域的大小是纸张大小减去"页面设置"对话框的"页边界"选项组中当前选定边距之后的剩余区域；选中"默认"单选按钮，将舞台大小设置为默认大小。

将所有元素对齐到舞台的左上角，然后选中"内容"单选按钮，可以最小化文档。

- "背景颜色"：单击"背景颜色"右侧的色块，在弹出的调色板中可以选择背景的颜色。
- "帧频"：单击"帧频"右侧的数值，在数值框中输入每秒显示的动画帧的数量。对于大多数计算机显示的动画，特别是网站中播放的动画 8fps～15fps 就足够了。更改帧速率后，新的帧速率将变成新文档的默认值。

若要将新设置仅用作当前文档的默认属性，则单击"确定"按钮。若要将这些新设置用作所有新文档的默认属性，则单击"设为默认值"按钮。

（2）使用"属性"面板更改文档属性

1）选择"窗口"→"属性"菜单命令，打开"属性"面板，如图2-7所示。

2）单击"编辑文档属性"按钮，打开"文档设置"对话框，如图2-8所示。

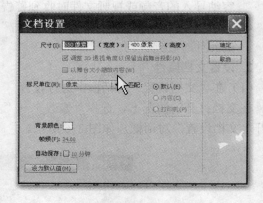

图2-7 "属性"面板   图2-8 "文档设置"对话框

3）在"文档设置"对话框中设置文档的属性。

2.1.2 标尺、网格和辅助线

在 Flash 中可以显示标尺和辅助线，以帮助用户精确地绘制和安排对象。用户可以在文档中放置辅助线，然后使对象贴紧至辅助线，也可以打开网格，然后使对象贴紧至网格。标尺和网格只在制作动画期间起辅助定位作用，在动画播放时不会显示。

1. 使用标尺

当显示标尺时，它们将显示在文档的左沿和上沿。用户可以更改标尺的度量单位，将其默认单位（像素）更改为其他单位。在显示标尺的情况下移动舞台上的元素时，将在标尺上显示几条线，指出该元素的尺寸。

（1）显示或隐藏标尺

选择"视图"→"标尺"菜单命令，即可显示标尺，如图2-9所示。

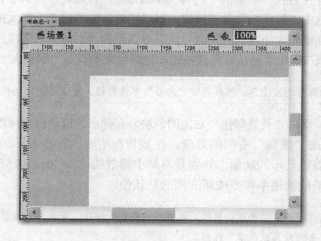

图2-9 显示标尺

（2）指定文档的标尺度量单位

选择"修改"→"文档"菜单命令，然后从对话框左下角的"标尺单位"下拉列表中选择一个单位。如图 2-10 所示。

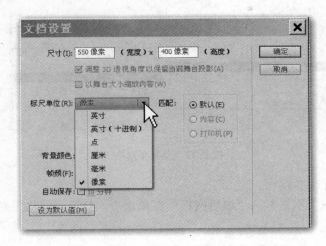

图 2-10　选择标尺单位

2. 使用网格

当在文档中显示网格时，将在所有场景中的插图之后显示一系列的直线。用户可以将对象与网格对齐，也可以修改网格大小和网格线颜色。

（1）显示或隐藏绘画网格的方式

● 选择"视图"→"网格"→"显示网格"菜单命令，如图 2-11 所示。

● 按〈Ctrl+"〉组合键（Windows）或〈Command+"〉组合键（Macintosh）。

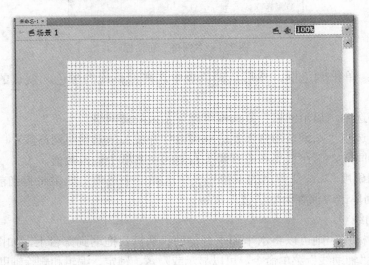

图 2-11　显示网格

（2）打开或关闭贴紧至网格线

选择"视图"→"贴紧"→"贴紧至网格"菜单命令，如图 2-12 所示。

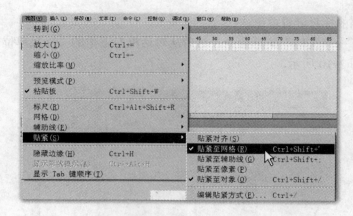

图 2-12　贴紧至网格

（3）设置网格首选参数

选择"视图"→"网格"→"编辑网格"菜单命令，打开"网格"对话框，如图 2-13 所示。

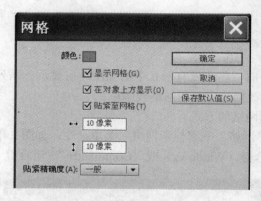

图 2-13　"网格"对话框

- "颜色"：单击颜色框，然后从调色板中选择网格线的颜色。默认的网格线颜色是灰色。

选中或取消选中"显示网格"复选框可以显示或隐藏网格。

选中或取消选中"贴紧至网格"复选框可以打开或关闭贴紧至网格线。

要设置网格间隔，请在水平和垂直箭头右侧的文本框中输入数值。

- "对齐精确度"，请从弹出的下拉列表中选择一个选项。如果想将当前设置保存为默认值，则单击"保存为默认值"按钮。

3.使用辅助线

如果显示了标尺，则可以将水平和垂直辅助线从标尺拖动到舞台上，如图 2-14 所示。选择"视图"→"辅助线"菜单命令，可以显示或隐藏、锁定、编辑和删除辅助线，如图 2-15 所示。选择"编辑辅助线"命令，也可在打开的对话框中设置对象贴紧至辅助线、更改辅助线颜色和贴紧容差（对象与辅助线必须有多近才能贴紧至辅助线），如图 2-16 所示。

Flash 允许用户创建嵌套时间轴。仅当在其中创建辅助线的时间轴处于活动状态时，舞台上才会显示可拖动的辅助线。用户可以在当前编辑模式（文档编辑模式或元件编辑模式）下清除所有辅助线。如果在文档编辑模式下清除辅助线，则会清除文档中的所有辅助线。如果在元件编辑模式下清除辅助线，则会清除所有元件中的所有辅助线。

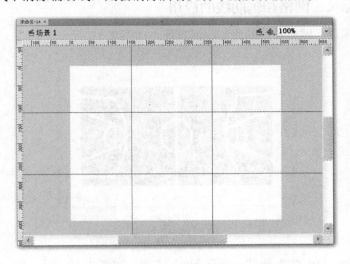

图 2-14　辅助线

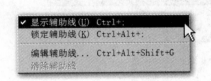

图 2-15　编辑辅助线的命令

图 2-16　"辅助线"对话框

2.1.3　"手形工具"和"缩放工具"

1. 手形工具

"手形工具" 的作用是移动舞台，只有在舞台整个工作区超出了当前屏幕的显示时，手形工具才可以工作。

1）单击工具箱上的"手形工具"，然后将光标移到舞台工作区上单击并拖动，便可移动整个舞台。

2）双击"手形工具"，可以将整个舞台居中、自动修改显示比例全部显示在文档窗口中。

3）在使用其他工具的时候，可以按下空格键临时切换到"手形工具"，操作完成后松开空格键，仍旧使用原有的工具。

2. 缩放工具

"缩放工具" 是用于调整显示比例的工具，它有两个选项：放大和缩小。

1）选择放大工具后，单击舞台将放大整个舞台，也放大了舞台上的对象。

2）选择缩小工具后，单击舞台则缩小整个舞台，同时也缩小了舞台上的对象。

3）双击"缩放工具"将会使舞台以 100%的模式显示。

2.1.4　案例：标尺、网格和辅助线的应用

本案例利用标尺、网格和辅助线制作篮球场，如图 2-17 所示。

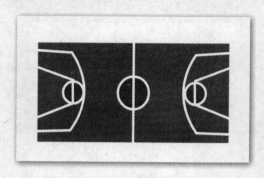

图 2-17　篮球场

1）打开 Adobe Flash CS6 软件，新建 Flash 文档，如图 2-18 所示。

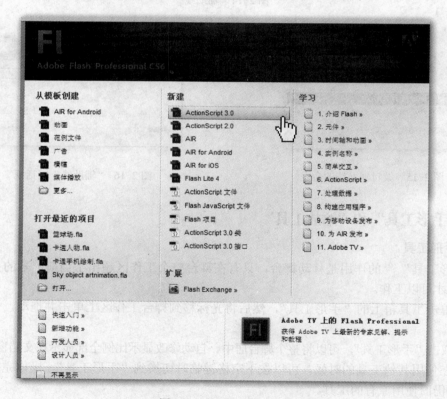

图 2-18　新建 Flash 文档

2）选择"文件"→"保存"菜单命令，在弹出的"另存为"对话框中，在"文件名"组合框中输入"篮球场"，然后单击"保存"按钮，如图 2-19 所示。

图 2-19 "另存为"对话框

3）选择"视图"→"标尺"菜单命令，显示标尺，如图 2-20 所示。

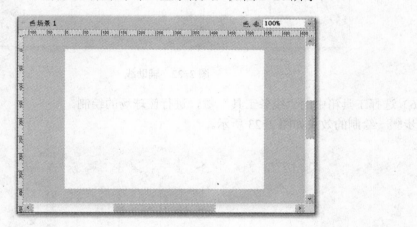

图 2-20 显示标尺

4）选择"视图"→"网格"→"显示网格"菜单命令，如图 2-21 所示。

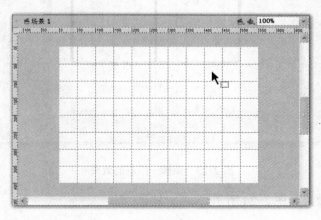

图 2-21 显示网格

5）将水平和垂直辅助线从标尺拖动到舞台上，确定好篮球场的长、宽和中线，如图 2-22 所示。

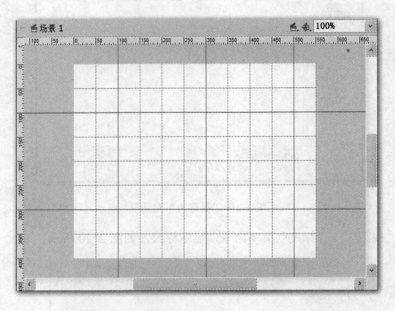

图 2-22　辅助线

6）选择工具箱中的"线条工具" 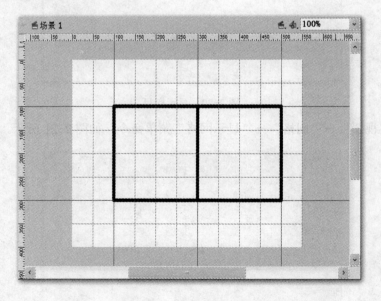，进行篮球场的绘制。

步骤一绘制的效果如图 2-23 所示。

图 2-23　步骤一绘制的效果

步骤二绘制的效果如图 2-24 所示。

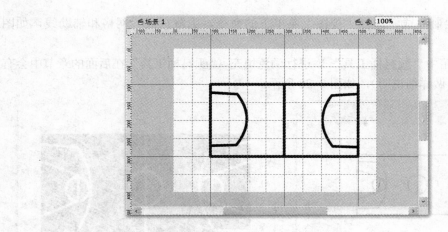

图 2-24　步骤二绘制的效果

步骤三绘制的效果如图 2-25 所示。

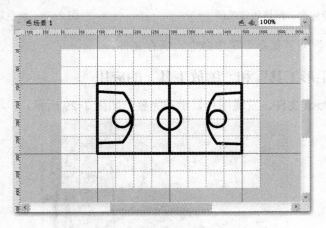

图 2-25　步骤三绘制的效果

步骤四绘制的效果如图 2-26 所示。

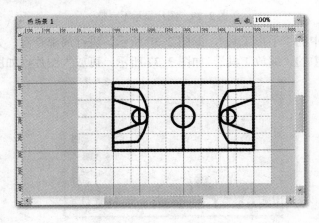

图 2-26　步骤四绘制的效果

步骤五轮廓绘制完成，选择"视图"菜单下的命令，隐藏标尺、网格和辅助线，如图 2-27 所示。

7）选择工具箱中"颜料桶工具" 进行颜色填充（"颜料桶工具"在后面的章节中会有详细介绍，此处不做详细说明），如图 2-28 所示。

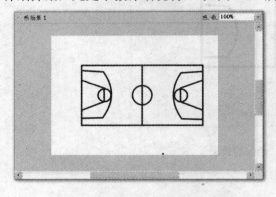
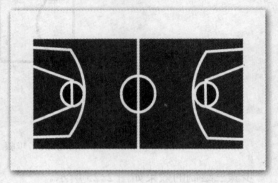

图 2-27 去掉标尺、网格和辅助线　　　　　　　图 2-28 颜色填充

8）选择"文件"→"保存"菜单命令，保存文件。

2.1.5 案例："手形工具"和"缩放工具"的应用

1）打开一个 Flash 文件，发现图片显示不完整，如图 2-29 所示。

图 2-29 图片显示不完整

2）单击工具箱中的"手形工具"，如图 2-30 所示，进行局部查看，如图 2-31 所示。

3）单击工具箱中的"缩放工具"，如图 2-32 所示，可放大图片，如图 2-33 所示。

图 2-30 手形工具　　　　　　图 2-31 局部查看　　　　　　图 2-32 缩放工具

4）按住〈Alt〉键，单击鼠标左键，可缩小图片显示状态，如图 2-34 所示。

图 2-33　放大

图 2-34　缩小

2.2　绘制图形

在 Flash 中绘图时，创建的是矢量图形，它是由数学公式所定义的直线和曲线组成的。矢量图形是与分辨率无关的，因此用户可以将矢量图形重新调整到任意大小，或以任何分辨率显示它，而不会影响其清晰度。另外，与下载位图图像相比，下载矢量图形的速度比较快。

图形编辑是 Flash 重要的功能之一，了解一些基本的绘图方法之后，就可以从绘图工具箱里选择不同的工具，以及它们的修饰功能键来创建、选择、分割图形等。当选择了不同的工具时，图形工具栏外观会跟着发生一些变化，且修饰功能键及下拉菜单将出现在工具栏的下半部分。修饰功能键大大扩展了这些工具的使用功能，加强了这些工具的实用性和灵活性。

一般情况下，在第一次接触到某工具时，只要能大概知道它的作用就可以了，至于具体应用，则需要通过一个个实际的例子去慢慢体会和理解。本节将对 Flash 提供的图形处理工具进行一些简单的讲解，并列举了基本的图形绘制实例。通过对本节的学习，相信大家对 Flash 的图形制作不会再感到生疏。

2.2.1　图形绘制工具

基本绘图工具包括徒手绘制工具和几何形状绘制工具。其中徒手绘制工具包括"铅笔工具""钢笔工具""刷子工具""橡皮擦工具"；几何形状绘制工具包括"线条工具""矩形工具""椭圆工具""多边形工具""基本矩形工具"和"基本椭圆工具"。

1. 钢笔工具

"钢笔工具" 擅长绘制直线和曲线。

要绘制精确的路径，如直线或者平滑流畅的曲线，用户可以使用"钢笔工具"。首先创建直线或曲线段，然后调整直线段的角度和长度，以及曲线段的斜率。

当使用"钢笔工具"绘画时，单击可以在直线段上创建点，单击并拖动可以在曲线段上创建点。用户可以通过调整线条上的点来调整直线段和曲线段，可以将曲线转换为直线，反之亦可。用户可以指定"钢笔工具"指针外观的首选参数，用于在画线段时进行预览，或者查看选定锚点的外观。

（1）"钢笔工具"下拉菜单

"钢笔工具"下拉菜单中有其他 3 种工具，如图 2-35 所示。

在使用"钢笔工具"绘制图形的过程中，光标也会出现不同的 3 种样式，![icon]表示单击可以创建一个锚点，![icon]表示单击该锚点并拖动可以绘制出一条直线，还可以将原来弧线的锚点变成直线的连接点。![icon]表示单击锚点可以形成一个封闭的图形。

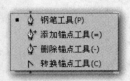

图 2-35　钢笔工具下拉菜单

（2）设置"钢笔工具"首选参数

选择工具箱中的"钢笔工具"，选择"编辑"→"首选参数"菜单命令，然后在弹出的"首选参数"对话框中选择"绘画"选项，如图 2-36 所示。

● 选中"显示钢笔预览"复选框，在工作区周围移动鼠标指针时，Flash 会显示线段预览。如果未选中"显示钢笔工具"复选框，则在创建线段终点之前，Flash 不会显示该线段。

● 显示实心点：选中该复选框，选定的锚点将显示为空心点，并将取消选定的锚点显示为实心点。如果未选中该复选框，则选定的锚点为实心点，而取消选定的锚点为空心点。

● 显示精确光标：选中该复选框，"钢笔工具"的鼠标指针将以十字准线指针的形式出现，而不是以默认的钢笔工具图标的形式出现，这样可以提高线条的定位精度。取消选中该复选框，会显示默认的钢笔工具图标。

（3）用"钢笔工具"绘制直线路径

使用"钢笔工具"绘制直线路径的方法如下：

1）选择工具箱中的"钢笔工具"，然后在"属性"面板中设置笔触和填充属性，如图 2-37 所示。

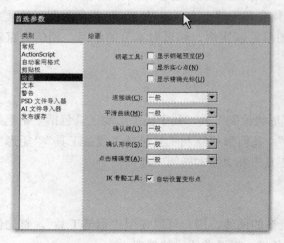

图 2-36　设置钢笔工具首选参数

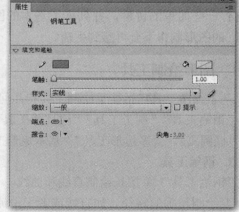

图 2-37　"属性"面板

2）将指针定位在工作区中想要开始绘制直线的地方，然后进行单击以定义第一个锚点。

3）在第一条线段结束的位置再次单击，可以定义结束锚点。如果按住〈Shift〉键进行单击，则可以将线条限制为倾斜45°角的倍数。

4）继续单击以创建其他直线段，如图2-38所示。

要以开放或闭合形状完成此路径，请执行以下操作之一：

● 结束开放路径的绘制。方法：双击最后一个点，然后单击工具栏中的"钢笔工具"，或按住〈Ctrl〉键（Windows操作系统）或〈Command〉键（Macintosh操作系统），单击路径外的任何地方，如图2-39所示。

● 封闭开放路径。方法：将指针放置到第一个锚点上。如果定位准确，就会在靠近钢笔尖的地方出现一个小圆圈，单击或拖动，即可闭合路径，如图2-40所示。

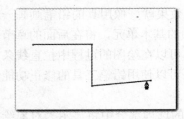 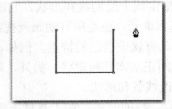 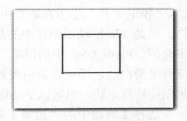

图2-38 单击以创建其他直线段　　图2-39 结束开放路径的绘制　　图2-40 封闭开放路径

（4）用钢笔工具绘制曲线路径

1）选择工具箱中的"钢笔工具"。

2）将"钢笔工具"放置在工作区中想要曲线开始的地方，然后单击鼠标，此时会出现第一个锚点，并且钢笔尖变为箭头。

3）向想要绘制曲线段的方向拖动鼠标。如果按住〈Shift〉键拖动鼠标，则可以将该工具限制为45°角倍数的方向。随着拖动，将会出现曲线的切线手柄。

4）释放鼠标，此时切线手柄的长度和斜率决定了曲线段的形状，用户可以在以后通过移动切线手柄来调整曲线。

5）将指针放在想要结束曲线段的地方，单击鼠标左键，然后朝相反的方向拖动，并按下〈Shift〉键，会将该线段限制为倾斜45°角的倍数，如图2-41所示。

6）要绘制曲线的下一段，可以将指针放置在想要下一线段结束的位置上，然后拖动该曲线即可。

（5）调整路径上的锚点

在使用"钢笔工具"绘制曲线时，创建的是曲线点，即连续的弯曲路径上的锚点。在绘制直线段或连接到曲线段的直线时，创建的是转角点，即在直线路径或直线和曲线路径接合处的锚点上。

要将线条中的线段由直线段转换为曲线段或者由曲线段转换为直线段，可以将转角点转换为曲线点或者将曲线点转换为转角点。

用户可以移动、添加或删除路径上的锚点，可以使用工具箱中的"选择工具"来移动锚点，从而调整直线段的长度、角度、或曲线段的斜率，也可以通过轻推选定的锚点来进行微调，如图2-42所示。

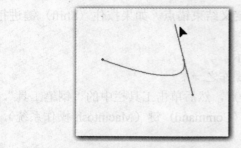

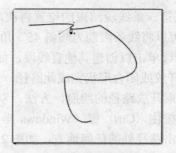

图 2-41　线段限制为倾斜 45°角的倍数　　　　　　　图 2-42　调整路径

2. 铅笔工具

"铅笔工具"用于在场景中指定帧上绘制线和形状，它的效果就好像用真的铅笔画画一样。帧是 Flash 动画创作中的基本单元，也是所有动画及视频的基本单元，将在后面的章节中介绍。Flash CS6 中的铅笔工具有属于自己的特点，例如，可以在绘图的过程中拉直线条或者平滑曲线，还可以识别或者纠正基本几何形状。另外，还可以使用铅笔工具的修正功能来创建特殊形状，也可以手动修改线条和形状。

选择工具箱中的"铅笔工具" 的时候，在工具栏下部的选项部分中将显示"对象绘制"按钮 ，用于绘制互不干扰的多个图形，单击下面的小三角形 ，会出现如图 2-43 所示的选项。

（1）铅笔工具的 3 个绘图模式

● 选择"伸直"选项时，系统会将独立的线条自动连接，将接近直线的线条自动拉直，对摇摆的曲线实施直线式的处理。

● 选择"平滑"选项时，将缩小 Flash 自动进行处理的范围。在"平滑"选项模式下，线条拉直和形状识别功能将都被禁止。在绘制曲线后，系统可以进行轻微的平滑处理，且使端点接近的线条彼此可以连接。

● 选择"墨水"选项时，将关闭 Flash 自动处理功能，即画的是什么样，就是什么样，不做任何平滑、拉直或连接处理。

● 选择"铅笔工具"的同时，在"属性"面板中也会出现如图 2-44 所示的选项，包括笔触颜色、笔触粗细、样式、缩放、端点类型和接合类型等。

图 2-43　"铅笔工具"的 3 个绘图模式

图 2-44　"铅笔工具"的属性面板

（2）"铅笔工具"的颜色及样式设置

● 单击 颜色框，会弹出 Flash 自带的 Web 颜色系统，如图 2-45 所示，从中可以定义所需的笔触颜色。

● 拖动"笔触"右侧的滑块，可以自由设定线条的宽度。

● 单击"样式"右侧的下拉按钮，用户可以从弹出的下拉列表中选择自己所需要的线条样式，如图 2-46 所示。

● 单击"编辑笔触样式"按钮 ，可以在弹出的"笔触样式"对话框中设置所需的线条样式。在"笔触样式"对话框中共有实线、虚线、点状线、锯齿线、点刻线和斑马线 6 种线条类型，如图 2-47 所示。

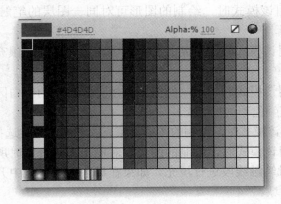

图 2-45　Web 颜色系统

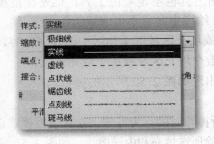

图 2-46　线条样式

图 2-47　笔触样式

3. 刷子工具

利用"刷子工具" 可以绘制类似毛笔绘图的效果，应用于绘制对象或者内部填充，其使用方法与"铅笔工具"类似。但是使用"铅笔工具"绘制的图形是笔触线段，而使用刷子工具绘制的图形是填充颜色。

1）在工具箱中选择"刷子工具"后，在工具箱下方的选项区域中将出现"刷子工具"的相关选项，如图 2-48 所示。

● 对象绘制：以对象模式绘制互不干扰的多个图形。

● 锁定填充：用于设置填充的渐变颜色是独立应用，还是连续应用。

● 刷子模式：用于设置"刷子工具"的各种模式。

● 刷子大小：用于设置"刷子工具"的笔刷大小。

● 刷子形状：用于设置"刷子工具"的形状。

2）刷子模式如图 2-49 所示。

对象绘制 ——— 锁定填充
刷子模式 ——— 刷子大小
刷子形状 ———

图 2-48 "刷子工具"的相关选项　　　　　　　图 2-49 刷子模式

● 标准绘画：使用该模式时，绘制的图形可对同一图层的笔触线段和填充颜色进行填充。

● 颜料填充：使用该模式时，绘制的图形只填充同一图层的填充颜色，而不影响笔触线段。

● 后面绘画：使用该模式时，绘制的图形只填充舞台中的空白区域，而对同一图层的笔触线段和填充颜色不进行填充。

● 颜料选择：使用该模式时，绘制的图形只填充同一图层中被选择的填充颜色区域。

● 内部绘画：使用该模式时，绘制的图形只对刷子工具开始时所在的填充颜色区域进行填充，而不对笔触线段进行填充。如果在舞台空白区域中开始填充，则不会影响任何现有填充区域。

4. 橡皮擦工具

尽管"橡皮擦工具" ![icon] 严格来说既不是绘图工具也不是着色工具，但是橡皮擦工具作为绘图和着色工具的主要辅助工具，在整个 Flash 绘图中起着不可或缺的作用。

使用"橡皮擦工具"可以快速擦除笔触线段或填充区域等工作区中的任何内容。用户可以自定义橡皮擦工具，例如只擦除笔触、只擦除数个填充区域或单个填充区域。

选择"橡皮擦工具"后，在工具箱的下方会出现如图 2-50 所示的参数选项。

（1）橡皮擦模式

橡皮擦模式控制并限制了"橡皮擦工具"进行擦除时的行为方式。在橡皮擦模式选项中共有 5 种模式：标准擦除、擦除填色、擦除线条、擦除所选填充和内部擦除，如图 2-51 所示。

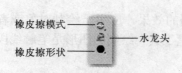

橡皮擦模式 ———
　　　　　　　——— 水龙头
橡皮擦形状 ———

图 2-50 橡皮擦工具参数选项　　　　　　　图 2-51 橡皮擦模式

● 标准擦除：这时"橡皮擦工具"就像普通的橡皮擦一样，将擦除所经过的所有线条和填充，只要这些线条或者填充位于当前图层中即可擦除。

● 擦除填色：这时"橡皮擦工具"只擦除填充色，而保留线条。

● 擦除线条：与擦除填色模式相反，这时"橡皮擦工具"只擦除线条，而保留填充色。

- 擦除所选填充：这时"橡皮擦工具"只擦除当前选中的填充色，保留未被选中的填充及所有的线条。
- 内部擦除：只擦除橡皮擦笔触开始处的填充。如果从空白点开始擦除，则不会擦除任何内容。以这种模式使用橡皮擦工具并不影响笔触。

（2）水龙头

水龙头功能主要用于删除笔触段或填充区域。

（3）橡皮擦形状

在橡皮擦形状选项中有圆和方两种类型，从细到粗共 10 种形状，如图 2-52 所示。

5. 线条工具

"线条工具" ▨ 是 Flash 中最简单的工具。单击"线条工具"，在舞台上移动鼠标指针，在你希望直线开始的地方按住鼠标拖动，到结束点松开鼠标，一条直线就画好了，如图 2-53 所示。

1）利用"选择工具" ▨ 可以调整线条的形状，如图 2-54 所示。

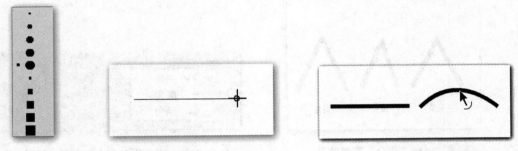

图 2-52 橡皮擦形状   图 2-53 画直线   图 2-54 用选择工具调整线条

2）使用"线条工具"能画出许多风格各异的线条来。打开"属性"面板，在其中，我们可以定义直线的颜色、粗细和样式，如图 2-55 所示。其选项与"铅笔工具"的选项基本一致，这里就不再重复。

图 2-55 "线条工具"的"属性"面板

3）"端点"和"接合"选项用于设置线条的线段两端和拐角的类型，如图 2-56 所示。

- "端点"类型包括无、圆角和方形 3 种，效果分别如图 2-57 所示。用户可以在绘制线条之前设置好线条属性，也可以在绘制完成后重新修改线条的属性。

图 2-56 "端点"和"接合"

图 2-57 "端点"类型效果

- "接合"指的是在线段的转折处也就是拐角的地方，线段以何种方式呈现拐角形状。有尖角、圆角和斜角方式可供选择，效果如图 2-58 所示。当选择"接合"为"尖角"的时候，右侧的"尖角"限制文本框会变为可用状态，如图 2-59 所示。在这里可以指定尖角限制数值的大小，数值越大，尖角就越趋于尖锐；数值越小，尖角就会被逐渐削平。

图 2-58 "接合"类型效果

图 2-59 尖角限制文本框会变为可用状态

6. 矩形工具

1）使用"矩形工具" 可以绘制出矩形或圆角矩形。绘制的方法为：在工具箱中选择"矩形工具"，然后在舞台中单击并拖曳鼠标，随着鼠标拖曳即可绘制出矩形。绘制的矩形由外部笔触线段和内部填充颜色所构成，如图 2-60 所示。

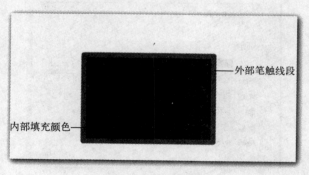

图 2-60 矩形构成

📖 使用"矩形工具"绘制矩形时，如果在按住键盘上的〈Shift〉键的同时进行绘制，则可以绘制正方形；如果在按住〈Alt〉键的同时进行绘制，则可以从中心向周围绘制矩形；如果在按住〈Alt+Shift〉组合键的同时进行绘制，则可以从中心向周围绘制正方形。

2）选择工具箱中的"矩形工具"后，在"属性"面板中将出现"矩形工具"的相关属性设置，如图 2-61 所示。在"属性"面板中可以设置矩形的外部笔触线段属性、填充颜色属性，以及矩形选项的相关属性。其中，外部笔触线段的属性与"铅笔工具"的属性设置相同，"属性"面板中的矩形选项用于设置矩形 4 个边角半径的角度值。

3）矩形边角半径：用于指定矩形的边角半径，可以在每个文本框中输入矩形边角半径的参数值。如图 2-62 所示。

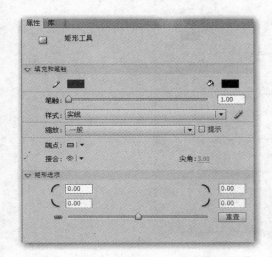

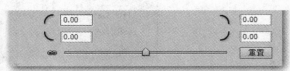

图 2-61　矩形工具的"属性"面板 　　　　　　　　　　　图 2-62　边角半径设置

4）"锁定" 　　与"解锁" 　　：如果当前显示为"锁定"状态，那么只设置一个边角半径的参数，则所有边角半径的参数都会随之进行调整，同时也可以通过移动右侧滑块的位置统一调整矩形边角半径的参数值，如图 2-63 所示；如果单击"锁定"按钮，则将取消锁定，此时显示为"解锁"状态，不能再通过拖动右侧滑块来调整矩形边角半径的参数，但是还可以对矩形的 4 个边角半径的参数值分别进行设置，如图 2-64 所示。

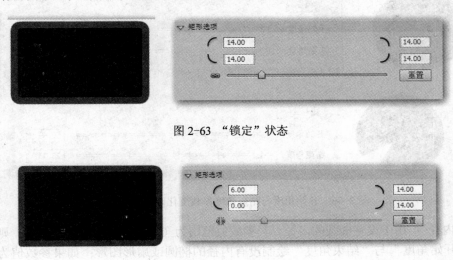

图 2-63　"锁定"状态

图 2-64　"解锁"状态

7. 椭圆工具

"椭圆工具"用于绘制椭圆和正圆，还可绘制扇形、空心椭圆或空心扇形。在工具箱中选择"椭圆工具"，在"属性"面板中会出现其相关属性，如图 2-65 所示。

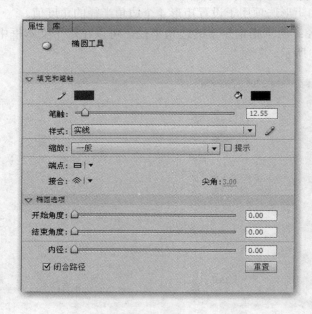

图 2-65 "椭圆工具"的"属性"面板

● "开始角度"与"结束角度"：用于设置椭圆图形的起始角度与结束角度值。如果这两个参数均为 0，则绘制的图形为椭圆或圆形。调整这两项属性的参数值，可以轻松地绘制出扇形、半圆形及其他具有创意的形状。图 2-66 所示为"开始角度"与"结束角度"参数变化时的图形效果。

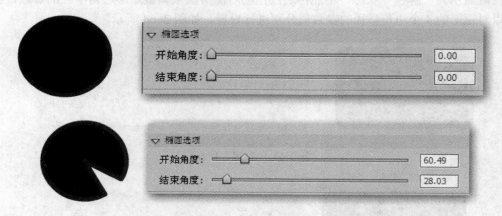

图 2-66 开始角度与结束角度参数变化时的图形效果

● "内径"：用于设置椭圆的内径，其参数值范围为 0~99。如果参数值为 0，则可根据"开始角度"与"结束角度"绘制没有内径的椭圆或扇形图形；如果参数值为其他参数，则可绘制有内径的椭圆或扇形。如图 2-67 所示为"内径"参数变化时的图形效果。

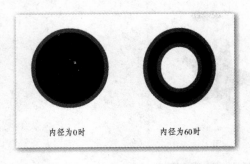
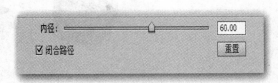

内径为0时　　　　内径为60时

图 2-67　"内径"参数变化时的图形效果

- "闭合路径"：用于确定椭圆的路径是否闭合。如果绘制的图形为一条开放路径，则生成的图形不会填充颜色，而仅绘制笔触。默认情况下选中"闭合路径"复选框。
- 重置：单击 按钮，"椭圆工具"的"开始角度""结束角度"和"内径"参数将全部重置为 0。

8. 基本矩形工具和基本椭圆工具

"基本矩形工具"、"基本椭圆工具"与"矩形工具"和"椭圆工具"类似，同样用于绘制矩形或椭圆图形。不同之处在于使用"矩形工具""椭圆工具"绘制的矩形与椭圆图形不能再通过"属性"面板设置矩形边角半径和椭圆圆形的开始角度、结束角度、内径等属性，使用"基本矩形工具""基本椭圆工具"绘制的矩形与椭圆图形则可以继续通过"属性"面板随时进行属性设置。

9. 多角星形工具

在工具箱中选择"多角星形工具"，属性其"面板"如图 2-68 所示，单击"选项"按钮，会弹出"工具设置"对话框，如图 2-69 所示。

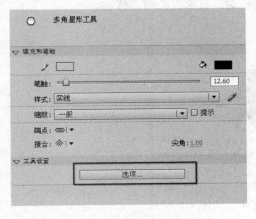

图 2-68　单击"选项"按钮

图 2-69　"工具设置"对话框

- 样式：用于设置绘制图形的样式，有多边形和星形两种类型可供选择。如图 2-70 所示为选择不同样式类型的效果。
- 边数：用于设置绘制的多边形或星形的边数。

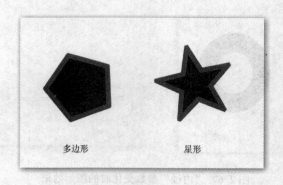

多边形   星形

图 2-70   所示为选择不同样式类型的效果

● 星形顶点大小：用于设置星形顶角的锐化程度，数值越大，星形顶角越圆滑；反之，星形顶角越尖锐。

10．3D 旋转工具和 3D 平移工具

在之前的 Flash 版本中不能进行 3D 图形的绘制与动画的制作，需要借助第三方软件才能完成。但是，Flash CS6 增加了令人兴奋的 3D 功能，允许用户使用"3D 旋转工具"和"3D 平移工具"使 2D 对象沿着 X、Y、Z 轴进行三维旋转和移动。通过组合这些 3D 工具，用户可以创建出逼真的三维透视效果。

（1）3D 旋转工具

使用"3D 旋转工具"可以在 3D 空间中旋转影片剪辑元件。当使用"3D 旋转工具"选择影片剪辑实例对象后，在影片剪辑元件上将出现 3D 旋转空间，其中，红色的线表示绕 X 轴旋转、绿色的线表示绕 Y 轴旋转、蓝色的线表示绕 Z 轴旋转、橙色的线表示同时绕 X 和 Y 轴旋转，如图 2-71 所示。如果需要旋转影片剪辑元件，则只需将鼠标放置到需要旋转的轴线上，然后拖曳鼠标即可，此时，随着鼠标的移动，对象也会随之移动。

图 2-71   3D 旋转工具

📖 Flash CS6 中的 3D 工具只能对 ActionScript 3.0 下创建的影片剪辑对象进行操作，因此，要对对象进行 3D 旋转操作，必须确认当前创建的是 Flash（ActionScript 3.0）文件，而且要进行 3D 旋转的对象为影片剪辑元件。

● 使用 3D 旋转工具旋转对象。

在工具箱中选择"3D 旋转工具" 🔘 后，工具箱下方的选项区域将出现 "贴紧至对象" 🔘 和"全局转换" 🔲 两个选项按钮。其中，"全局转换"按钮 🔲 默认为选中状态，表示当前状态为全局状态，在全局状态下旋转对象是相对于舞台进行旋转。如果取消"全局转换"按钮的选中状态，则表示当前状态为局部状态，在局部状态下旋转对象是相对于影片剪辑本身进行旋转。如图 2-72、图 2-73 所示，为选中"全局转换"按钮前后的比较。

图 2-72 选中"全局转换"按钮　　　　　　　图 2-73 取消选中"全局转换"按钮

当使用"3D 旋转工具" 🔘 选择影片剪辑元件后，将光标放置到 X 轴线上时，光标变为 ▶ₓ，此时拖曳鼠标则影片剪辑元件会沿着 X 轴方向进行旋转，如图 2-74 所示；将光标放置到 Y 轴线上时，光标变为 ▶ᵧ，此时拖曳鼠标则影片剪辑元件会沿着 Y 轴方向进行旋转，如图 2-75 所示；将光标放置到 Z 轴线上时，光标变为 ▶z，此时拖曳鼠标则影片剪辑元件会沿着 Z 轴方向进行旋转，如图 2-76 所示。

图 2-74 X 轴方向进行旋转　　　　图 2-75 Y 轴方向进行旋转　　　　图 2-76 Z 轴方向进行旋转

● 使用"变形"面板进行 3D 旋转。

在 Flash CS6 中可以使用"3D 旋转工具"  对影片剪辑元件进行任意的 3D 旋转，但如果需要精确地控制影片剪辑元件的 3D 旋转，则需要使用"变形"面板进行控制。当在舞台中选择影片剪辑元件后，在"变形"面板中将会出现"3D 旋转"与"3D 中心点"位置的相关选项，如图 2-77 所示。

图 2-77 "变形"面板

3D 旋转：在"3D 旋转"选项组中可以通过设置 X、Y、Z 参数来改变影片剪辑元件各个旋转轴的方向，如图 2-78 所示。

图 2-78 "3D 旋转"选项组

3D 中心点：用于设置影片剪辑元件的 3D 旋转中心点的位置，可以通过设置 X、Y、Z 参数来改变其位置，如图 2-79 所示。

图 2-79 "3D 旋转中心点"选项组

● 3D 旋转工具的属性设置。

选择"3D 旋转工具" ⊙ 后，在"属性"面板中将出现"3D 旋转工具"的相关属性，用于设置影片剪辑元件的 3D 位置、透视角度和消失点等，如图 2-80 所示。

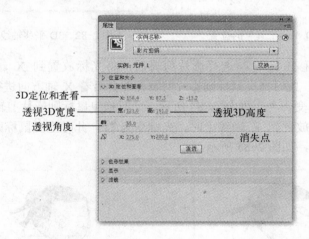

图 2-80 "3D 旋转工具"的"属性"面板

3D 定位和查看：用于设置影片剪辑元件相对于舞台的 3D 位置，可以通过设置 X、Y、Z 参数来改变影片剪辑实例在 X、Y、Z 轴方向上的坐标值。

透视角度：用于设置 3D 影片剪辑元件在舞台中的外观视角，参数范围为 1°～180°，增大或减小透视角度将影响 3D 影片剪辑元件的外观尺寸及其相对于舞台边缘的位置。增大透视角度可使 3D 对象看起来更接近查看者；减小透视角度属性可使 3D 对象看起来离观看者更远。此效果与通过镜头更改视角的照相机镜头缩放类似。

透视 3D 高度：用于显示 3D 对象在 3D 轴上的高度。

消失点：用于控制舞台上 3D 影片剪辑元件的 Z 轴方向。在 Flash 中所有 3D 影片剪辑元件的 Z 轴都会朝着消失点后退。通过重新定位消失点，可以更改沿 Z 轴平移对象时对象的移动方向。通过设置消失点选项中的 X 和 Y 位置，可以改变 3D 影片剪辑元件在 Z 轴消失的位置。

重置：单击该按钮，可以将消失点参数恢复为默认的参数。

（2）3D 平移工具

"3D 平移工具"  用于将影片剪辑元件在 X、Y、Z 轴方向上进行平移。如果在工具箱中没有显示 "3D 平移工具"，则可以在工具箱中单击 "3D 旋转工具" ，从弹出的隐藏工具面板中选择该工具，如图 2-81 所示。当选择 "3D 平移工具" 后，在舞台中的影片剪辑元件上单击，对象上将出现 3D 平移轴线，如图 2-82 所示。

图 2-81　"3D 平移工具"的位置

图 2-82　3D 平移轴线

当使用 "3D 平移工具" 选择影片剪辑后，将光标放置到 X 轴线上时，光标变为 ，如图 2-83 所示，此时拖曳鼠标则影片剪辑元件会沿着 X 轴方向进行平移；将光标放置到 Y 轴线上时，光标变为 ，如图 2-84 所示，此时拖曳鼠标则影片剪辑元件会沿着 Y 轴方向进行平移；将光标放置到 Z 轴线上时，光标变为 ，此时拖曳鼠标则影片剪辑元件会沿着 Z 轴方向进行平移，如图 2-85 所示。

图 2-83　光标放置到 X 轴线上

图 2-84　光标放置到 Y 轴线上

当使用"3D 平移工具"选择影片剪辑元件后,将光标放置到轴线中心的黑色实心点上时,光标变为图标▶,此时拖曳鼠标可以改变影片剪辑元件 3D 中心点的位置,如图 2-86所示。

图 2-85　光标放置到 Z 轴线上　　　　图 2-86　改变影片剪辑元件 3D 中心点的位置

2.2.2　图形编辑工具

图形编辑工具分为填充工具和变形工具。填充工具包括"颜料桶工具""墨水瓶工具"和"滴管工具"。变形工具包括"渐变变形工具"和"任意变形工具"。

1．填充工具

（1）颜料桶工具

"颜料桶工具"的使用:"颜料桶工具"可以进行纯色填充、渐变色填充（分为线性渐变色和放射性渐变色）和位图填充。

使用"颜色"面板来设置填充的纯色时,又有 3 种方法:

● 通过输入 RGB 的值及透明度来选择具体颜色。

● 通过输入十六进制数来选择颜色。

● 先选择色块,再选择明暗度来设置颜色,如图 2-87 所示。

"颜料桶工具"有 4 种填充模式,具体如图 2-88 所示。

图 2-87　"颜色"面板来设置填充的纯色　　图 2-88　"颜料桶工具"的 4 种填充模式

● 不封闭空隙:用于在没有空隙的条件下进行颜色填充。

● 封闭小空隙：用于在空隙比较小的条件下进行颜色填充。

● 封闭中等空隙：用于在空隙比较大的条件下进行颜色填充。

● 封闭大空隙：用于在空隙很大的条件下进行颜色填充。

如果激活"锁定填充"按钮 ，则可以对图形填充的渐变颜色或位图进行锁定，使填充看起来好像填充至整个舞台一样。

（2）墨水瓶工具

利用"墨水瓶工具" 可以改变现有直线的颜色、线型和宽度。该工具通常与"滴管工具"配合使用。"墨水瓶工具"和"颜料桶工具"位于工具箱中的同一位置，默认情况下显示为"颜料桶工具"。如果要使用"墨水瓶工具"，则可以按住"颜料桶工具"不放，从弹出的面板中选择"墨水瓶工具"，如图 2-89 所示。当选择"墨水瓶工具"后，"属性"面板中会显示出"墨水瓶工具"的相关属性，如图 2-90 所示。

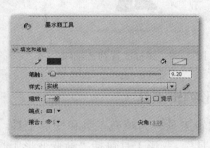

图 2-89 "墨水瓶工具"的位置　　　　图 2-90 "墨水瓶工具"的相关属性

（3）滴管工具

"滴管工具" 用于从现有的钢笔线条、画笔描边或者填充上取得（或者复制）颜色和风格信息，该工具没有任何参数。

当"滴管工具"不是在直线、填充或者画笔描边的上方时，其光标显示为 ，类似于工具箱中的"滴管工具"图标；当"滴管工具"位于直线上方时，其光标显示为 ，即在标准滴管工具光标的右下方显示一个小的铅笔；当"滴管工具"位于填充上方时，其光标显示为 ，即在标准的滴管工具光标右下方显示一个小的刷子。

当"滴管工具"位于直线、填充或者画笔描边上方时，按住〈Shift〉键，其光标显示为 ，即在光标的右下方显示为倒转的"U"字形状。在这种模式下，使用"滴管工具"可以将被单击对象的编辑工具的属性改变为被单击对象的属性。利用〈Shift+功能键〉组合键可以取得被单击对象的属性并立即改变相应编辑工具的属性，例如"墨水瓶工具""铅笔工具"或者"文本工具"。"滴管工具"还允许用户从位图图像取样用作填充。

2. 变形工具

（1）渐变变形工具

"渐变变形工具" 应用在矢量图形上，并且必须使用了渐变的线条颜色或填充颜色，该工具才可用。而渐变颜色又分为线性渐变和放射状渐变两种。使用"渐变变形工具"可以调节每种颜色的起始位置和范围的大小。

（2）任意变形工具

在"任意变形工具" 的标准状态下，它可以对要编辑的对象进行缩放、倾斜、旋转等

操作，非常灵活，如图 2-91 所示。"任意变形工具"除了标准使用状态以外，还有另外 4 种模式，如图 2-92 所示。

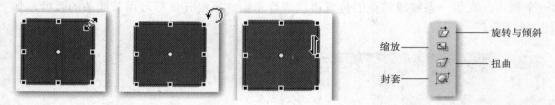

图 2-91　缩放、倾斜、旋转　　　　　　图 2-92　"任意变形工具"的其他模式

- 旋转与倾斜。单击此按钮后，显示实例的边框上共出现 8 个点，其中 4 个角上的点负责旋转，4 条边上的点负责倾斜，内部的圆点为旋转中心。
- 缩放。单击此按钮，显示实例边框 4 个角上的点负责横向与纵向同时按原比例缩放，上、下、左、右 4 条边上的点负责纵向、横向缩放。
- 扭曲。用鼠标拖动边框 8 个点中的任意一个，都可以改变矩形边框的形状，可使它变成任意的四边形，相应的边框内部的显示实例形状会相应地发生扭曲变化（此选项仅对矢量图形的显示实例有效，而对各种元件、未打散的图形与文字不可用）。
- "封套"。封套选项也仅对矢量图形可用。在边框上，除了 8 个矩形的小点可以拖动外，每个矩形点还配有两个调节手柄，手柄的末端是小圆点，可以对矢量图形的形状进行更加细致的调整。如果要对文字进行操作，则需先将其分离（按〈Ctrl+B〉组合键两次），然后很容易将文字变成各种需要的形状（如波浪形、扇形等），使之成为艺术字。

2.2.3　案例："钢笔工具"的用途及演示

本案例讲解正面卡通小狗的绘制，如图 2-93 所示。

1）打开 Adobe Flash CS6 软件，新建 Flash 文档，如图 2-94 所示。

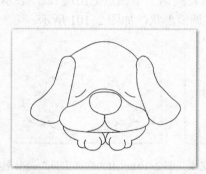

图 2-93　正面卡通小狗

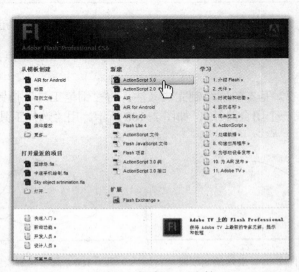

图 2-94　新建 Flash 文档

2）单击"钢笔工具"，在"属性"面板中设置参数，如图2-95所示。

3）开始在舞台上绘制基本轮廓，将指针定位在线条开始的地方，然后进行单击以定义第一个锚点。在第一条线段结束的位置再次进行单击。不松开鼠标可调节线条的弧度，如图2-96所示。

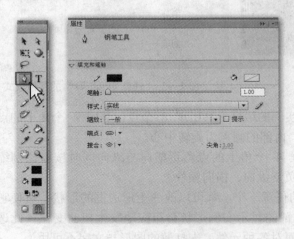

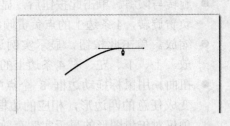

图2-95 "钢笔工具"属性设置　　　　　　　　　　　　　　　　　图2-96 绘制基本轮廓

4）或者按住〈Shift〉键进行单击，可以将线条倾斜角度限制为45°的倍数，如图2-97所示。

5）继续绘制线条，可以用"选择工具" 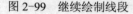 调节线段，如图2-98所示。

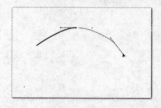
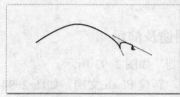
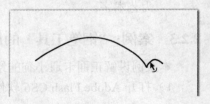

图2-97 按住〈Shift〉键进行单击　　　　　图2-98 用"选择工具"调节线段

6）切换到"钢笔工具"，当看到 时单击该锚点并拖动可以绘制出一条线段，如图2-99所示。

7）基本轮廓绘制完成（注：将"钢笔工具"指针放置到第一个锚点上出现 ，表示可形成一个闭合路径），如图2-100所示。用"选择工具"调节形状，如图2-101所示。

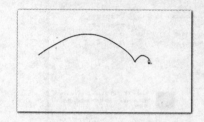

图2-99 继续绘制线段　　　图2-100 基本轮廓绘制完成　　图2-101 用"选择工具"调节形状

8）继续绘制，并用"选择工具"调节形状，如图 2-102 所示。

9）用"钢笔工具"绘制眼睛，双击最后一个点形成一个开放的路径，如图 2-103 所示。

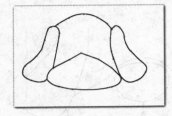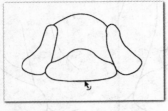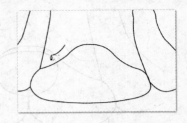

图 2-102　继续绘制，用"选择工具"调节　　　　　图 2-103　绘制眼睛

10）绘制鼻子，将"钢笔工具"指针放置到第一个锚点上出现 🖋︎，表示可形成一个闭合路径，如图 2-104 所示。

11）继续绘制，并用"选择工具"调节形状，如图 2-105 所示。

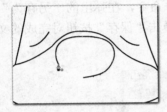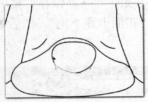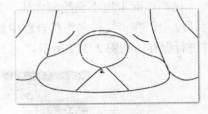

图 2-104　绘制鼻子形成闭合路径　　　　　　　图 2-105　继续绘制并调节形状

12）开始绘制腿部，选择"钢笔工具"下拉菜单中的"添加锚点工具"，如图 2-106 所示。添加一个锚点，如图 2-107 所示。

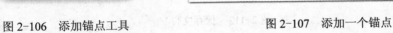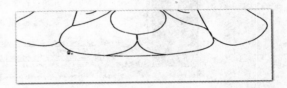

图 2-106　添加锚点工具　　　　　　　　　图 2-107　添加一个锚点

13）绘制完成腿部轮廓后，用"选择工具"调节形状，如图 2-108 和图 2-109 所示。

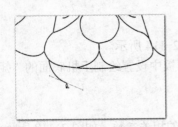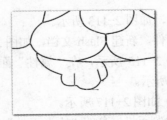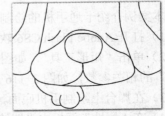

图 2-108　绘制完成腿部轮廓　　　　　　图 2-109　用"选择工具"调节形状

14）用"选择工具"选中全部腿部线段，在按住〈Alt〉键的同时单击鼠标左键，复制

另一只腿，如图 2-110 所示。

15）用"任意变形工具"  调节另一只腿的位置，如图 2-111 所示。

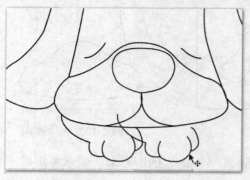

图 2-110　复制另一只腿

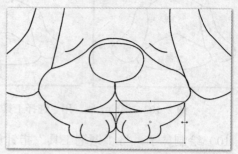

图 2-111　用"任意变形工具"调节另一只腿的位置

16）正面卡通小狗绘制完成，选择"文件"→"保存"菜单命令，在弹出的"另存为"对话框中，在"文件名"组合框中输入"正面卡通小狗"，然后单击"保存"按钮对完成的文件进行保存，如图 2-112 所示。

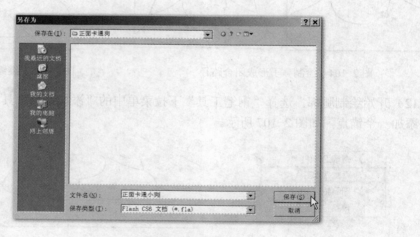

图 2-112　保存文件

2.2.4　案例："矩形工具"的用途及演示

本案例介绍卡通手机的绘制，如图 2-113 所示。

1）打开 Adobe Flash CS6 软件，新建 Flash 文档，如图 2-114 所示。

2）单击"矩形工具"，如图 2-115 所示，在"属性"面板中设置绘制手机底面的"矩形工具"的相关参数，如图 2-116 所示。

3）在舞台上绘制手机底面，如图 2-117 所示。

4）在"属性"面板中设置绘制手机屏幕的"矩形工具"的相关参数，如图 2-118 所示。

5）在舞台上绘制手机屏幕，如图 2-119 所示。单击"选择工具" ，移动手机屏幕的位置，如图 2-120 所示。

图 2-113　卡通手机

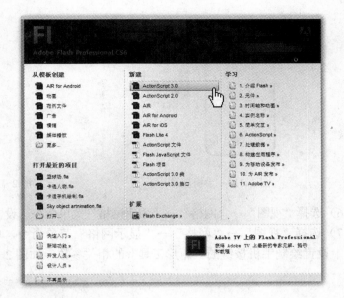

图 2-114　新建 Flash 文档

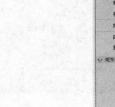

图 2-115　单击"矩形工具"

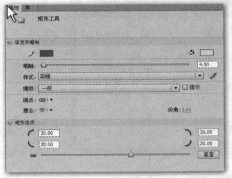

图 2-116　绘制手机底面的参数设置

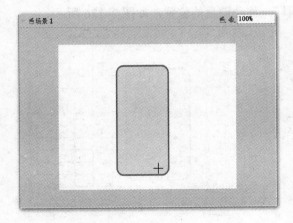

图 2-117　手机底面

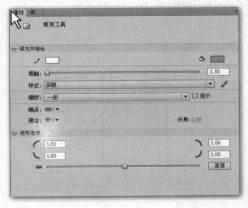

图 2-118　绘制手机屏幕的参数设置

图 2-119　手机屏幕

图 2-120　移动手机屏幕的位置

6）选择"视图"→"网格"→"编辑网格"菜单命令，设置网格参数，如图 2-121 所示。

7）选择"视图"→"网格"→"显示网格"菜单命令，单击"矩形工具"，在"属性"面板中设置绘制手机按键的"矩形工具"的相关参数，如图 2-122 所示。

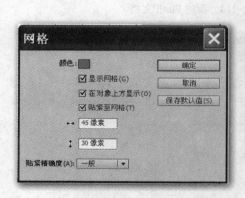

图 2-121　编辑网格

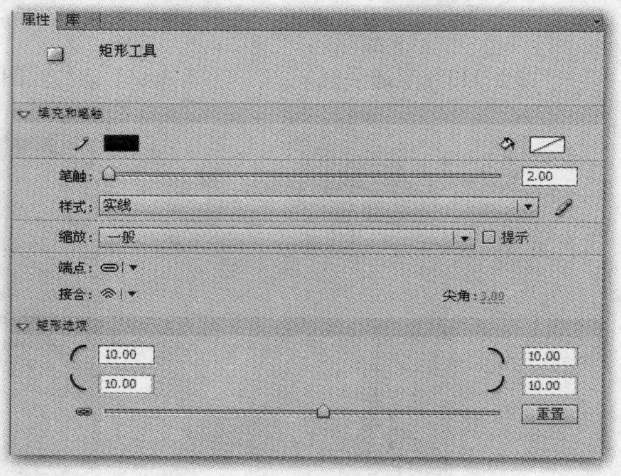

图 2-122　绘制手机按键的参数设置

8）在舞台上绘制手机按键，如图 2-123 和图 2-124 所示。单击"变形工具" ，调节按键大小，如图 2-125 所示。单击"选择工具"，移动键盘的位置，如图 2-126 所示。

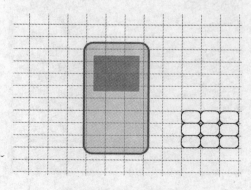

图 2-123　绘制手机按键

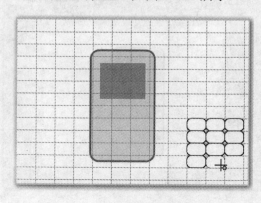

图 2-124　绘制手机按键

68

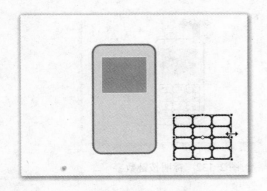

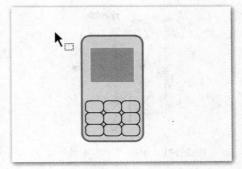

图 2-125　调整手机按键大小　　　　　　　　图 2-126　调整手机按键位置

9）在"属性"面板中设置绘制手机天线的"矩形工具"的相关参数，如图 2-127 所示。

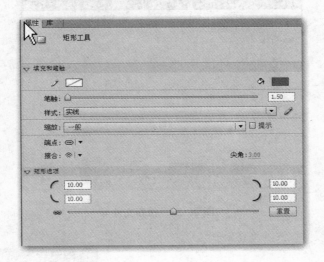

图 2-127　绘制手机天线的参数设置

10）在舞台上绘制手机天线，如图 2-128 所示。单击"选择工具"，移动手机天线的位置，如图 2-129 所示，调整到合适的位置，如图 2-130 所示。

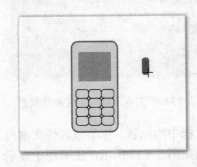

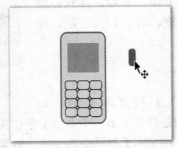

图 2-128　绘制手机天线　　图 2-129　调整手机天线的位置　　图 2-130　调整到合适的位置

11）单击"文本工具"，如图 2-131 所示，在手机按键上标明数字，如图 2-132 所示。

图 2-131　单击"文本工具"

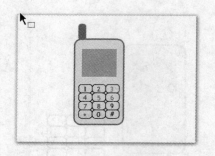

图 2-132　标明按键数字

12）选择"文件"→"保存"菜单命令，在弹出的"另存为"对话框中，在"文件名"组合框中输入"卡通手机"，单击"保存"按钮对完成的文件进行保存，如图 2-133 所示。

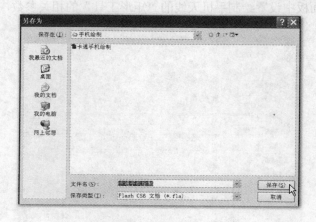

图 2-133　保存文件

2.3　文本工具

选择工具箱中的"文本工具" ，在"属性"面板中就会显示出如图 2-134 所示的相关属性设置。用户可以设置文本的下列属性：字体、字号、样式、颜色、间距、字距调整、基线调整、对齐、页边距、缩进和行距等。

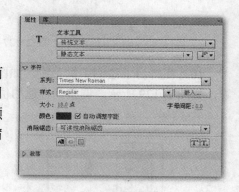

图 2-134　"文本工具"相关属性设置

2.3.1　文本类型

Adobe Flash CS6 提供了 3 种文本类型，如图 2-135 所示。第 1 种文本类型是静态文本，主要用于制作文档中的标题、标签或其他文本内容，效果如图 2-136 所示；第 2 种文本类型是动态文本，效果如图 2-137 所示，主要用于显示根据用户指定条件而变化的文本，例如，可以使用动态文本字段添加存储在其他文本字段中的值（比如两个数字的和）；第 3 种文本类型是输入文本，效果如图 2-138 所示，通过它可以实现用户与 Flash 应用程序间的交互，例如，在表单中输入用户的姓名或者其他信息。

图 2-135　文本类型

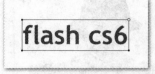

图 2-136　静态文本效果

图 2-137　动态文本效果

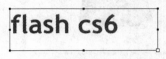

图 2-138　输入文本效果

2.3.2　文本分离

文本分离的具体操作步骤如下：

1）选择工具箱中的"选择工具"，然后单击工作区中的文本块。

2）选择"修改"→"分离"菜单命令，则选定文本中的每个字符会被放置在一个单独的文本块中，且文本依然在舞台的同一位置上，如图 2-139 所示。

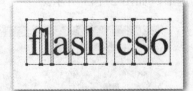

图 2-139　文本分离

3）再次选择"修改"→"分离"菜单命令（快捷键〈Ctrl+B〉），从而将舞台上的字符转换为形状。

📖　分离命令只适用于轮廓字体，如 TrueType 字体。当分离位图字体时，它们会从屏幕上消失。

2.4　案例：绘制卡通角色

本节通过两个具体的案例来综合应用各个绘图工具。

2.4.1　案例：绘制男性卡通角色

本案例绘制男性卡通角色，如图 2-140 所示。

1）打开 Adobe Flash CS6 软件，新建 Flash 文档，如图 2-141 所示。

2）单击工具箱中的"线条工具" ，在"属性"面板中设置"线条工具"的参数（读者可根据自己的想法设定参数），如图 2-142 所示。

图 2-140　古代人物

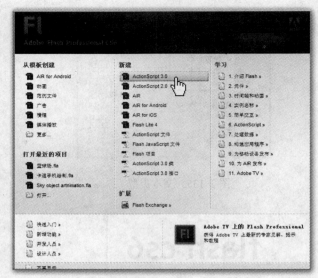

图 2-141　新建 Flash 文档

3）利用"线条工具"在舞台上绘制头部的基本轮廓，使用"选择工具"对线条进行调节，如图 2-143 所示。

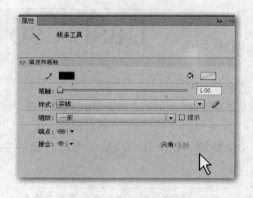

图 2-142　"线条工具"属性设置

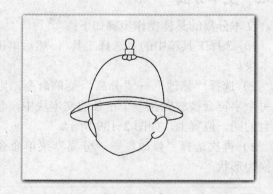

图 2-143　头部基本轮廓

4）继续绘制头部的细节部分，如图 2-144 所示。

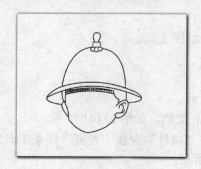 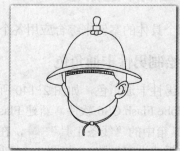

图 2-144　头部的细节部分

5）绘制眉毛，按住〈Alt〉键单击并拖动，复制出另一只眉毛，使用"任意变形工具"
调节眉毛的位置，如图 2-145 所示。

图 2-145　绘制眉毛

6）用"刷子工具"绘制眼眶，其属性设置如图 2-146 所示，效果如图 2-147 所示。

图 2-146　"刷子工具"属性设置　　　　　　　　图 2-147　绘制眼眶

7）用工具箱中的"椭圆工具"绘制眼球，在"属性"面板中设置相关参数，如图 2-148
所示。绘制完成按〈Ctrl+G〉组合键将图形组合成组，效果如图 2-149 所示。按住〈Alt〉键
单击并拖动，复制出另一只眼睛，如图 2-150 所示。

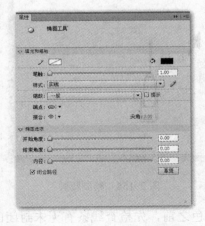

图 2-148　"椭圆工具"属性设置　　　　　　　　图 2-149　眼睛绘制完成

73

8）接着用"刷子工具"绘制人物的鼻子和嘴巴，绘制完成后分别按〈Ctrl+G〉组合键将图形组合成组，如图 2-151 所示。

图 2-150　复制另一只眼睛

图 2-151　绘制人物的鼻子和嘴巴

9）接着利用"线条工具"在舞台上绘制人物身体的基本轮廓，如图 2-152 所示。

10）用"线条工具"绘制腰带、鞋子的细节，如图 2-153 所示。

图 2-152　身体的基本轮廓

图 2-153　绘制腰带、鞋子的细节

11）绘制出衣服的衣褶及衣领的细节，如图 2-154 所示。

12）单独使用"线条工具"绘制腰牌，按〈Ctrl+G〉组合键将图形组合成组，如图 2-155 所示。使用"任意变形工具"将其放置在人物腰带的位置，如图 2-156 所示。

图 2-154　绘制出衣服的衣褶及衣领的细节

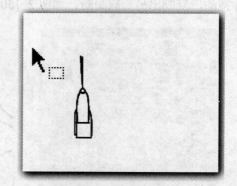

图 2-155　绘制腰牌

13）基本轮廓绘制完成，开始给人物上色。上色之前，先检查线条有无未封闭的情况（空间没有封闭可能会上不了颜色），将未封闭的空间先暂时用红色线条封闭，上色完成再将多余线条删去，如图 2-157 所示。

图 2-156　调整腰牌的位置

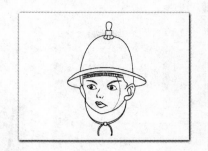

图 2-157　加上封闭空间的线（红色）

14）检查完毕，用"颜料桶工具"上色，如图 2-158、图 2-159 所示的色彩值上色。

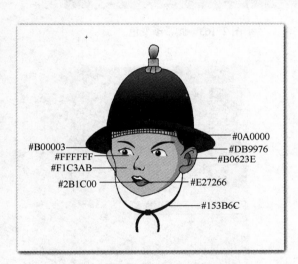

图 2-158　头部上色

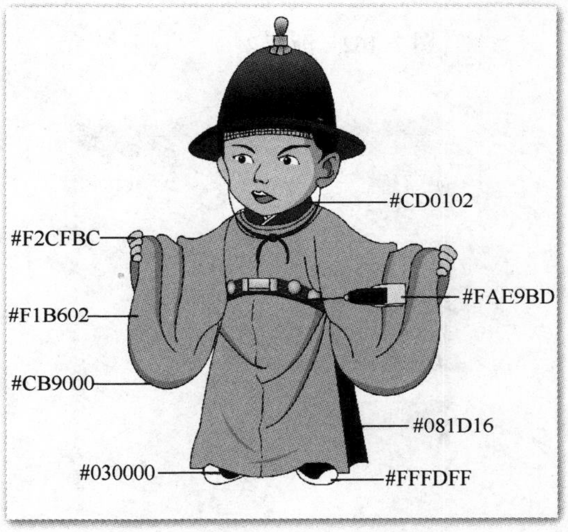

图 2-159　身体上色

15）渐变色属性，如图 2-160、图 2-161、图 2-162、图 2-163、图 2-164、图 2-165 所示。

图 2-160　渐变颜色

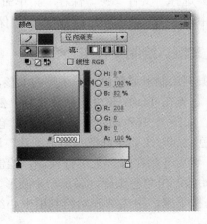

图 2-161　渐变 1

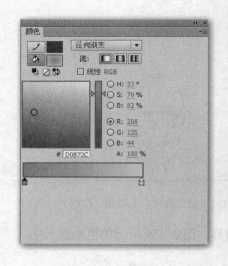

图 2-162 渐变 2

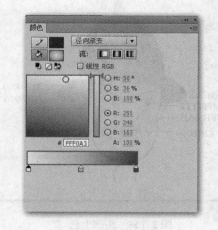

图 2-163 腰带渐变色

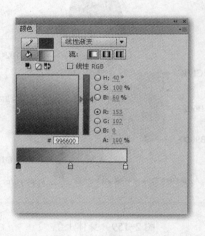

图 2-164 渐变 4

图 2-165 渐变 5

16）选择"文件"→"保存"菜单命令，在弹出的"另存为"对话框中，在"文件名"组合框中输入"男性卡通角色"，单击"保存"按钮对完成的文件进行保存。

2.4.2 案例：绘制女性卡通角色

本案例绘制卡通角色——跳舞的女孩，如图 2-166 所示。

1）首先在 Flash 软件中新建文档，然后选择"铅笔工具"，并对"铅笔工具"的属性进行设置，如图 2-167 所示。在这里将"笔触"设置为 1.5，主要是为了方便观看，将颜色设置为黑色。同时还要注意把"铅笔工具"调成"平滑"模式。

2）然后开始在舞台上进行绘制，绘制的时候要尽量避免笔触和笔触之间的连接部分。首先开始绘制出角色头部，画出一个圆形，如图 2-168 所示。

3）接下来，由头部开始绘制出中心线，完成角色头部角度辅助线的绘制，如图 2-169 所示。

图 2-166　跳舞的女孩

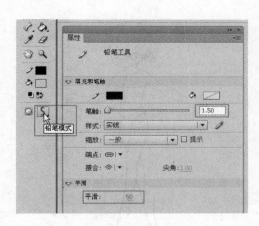

图 2-167　属性设置

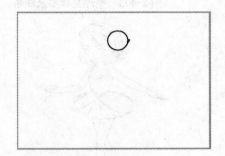

图 2-168　头部绘制

图 2-169　头部绘制

4）再根据辅助线把角色的下巴及角色耳朵绘制出来，如图 2-170 所示。多余的线条可以利用"橡皮擦工具"擦掉。

5）整理好角色头部五官比例及位置，便于进行以后的绘制，如图 2-171 所示。

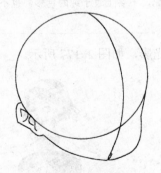

图 2-170　头部绘制

图 2-171　头部绘制

6）绘制出角色大致的身体及动势，如图 2-172 所示。

7）整理身体多余部分及线条，如图 2-173 所示。

8）绘制出角色的五官，如图 2-174 所示。

9）为角色添加头发及衣服和配饰，如图 2-175 所示。

10）利用"颜料桶工具"为角色进行色彩填充，如图 2-176 所示。

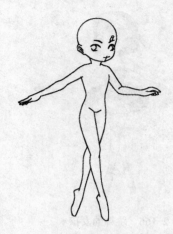

图 2-172　身体及动势绘制　　　　　　　图 2-173　整理身体多余线条

图 2-174　五官绘制　　　　　　　　　图 2-175　服饰及头发绘制

📖　在进行色彩填充时，尽量考虑到角色色彩的分配，不要上过于纯的色彩，也不要使用过于暗的色调。尽量把握一下角色整体风格走向。

11）为角色整体添加高光、阴影、衣服褶皱光影，如图 2-177 所示。

图 2-176　填充颜色　　　　　　　　　图 2-177　光影绘制

12）当把角色绘制到这个步骤时，还没有真正使角色达到一个最完美的状态。我们要把整个角色选中，然后按键盘上的〈F8〉键，把当前图形转换为影片剪辑元件，如图 2-178 所示。

13）然后把当前这个角色进行复制，再粘贴到原来的位置，复制的快捷键是〈Ctrl+C〉，按快捷键〈Ctrl+Shift+V〉粘贴。然后单击一下这个后复制出来的角色，对应看一下其"属性"面板，如图 2-179 所示。

图 2-178　转换为影片剪辑元件

图 2-179　最终效果

第3章 元件和库

本章要点

- 元件的分类、创建、用法、修改和编辑
- 实例和"库"面板
- 图层属性与时间轴

元件是 Flash 动画中的重要元素。元件只需创建一次，即可在整个文档或其他文档中重复使用。Flash 中的元件全部存放在库中，通过"库"面板可以对元件进行编辑和管理，将元件从库中导入到舞台中就成了实例，三者之间具有密切的关联。

Flash 动画是将画面按照一定的空间顺序和时间顺序排放在"时间轴"面板中的，横向为帧，纵向为图层，不同帧和图层中包含有不同的对象。每一幅画面均是静止的，在放映时按照时间轴中的排放顺序连续快速地显示这些画面。

3.1 Adobe Flash 元件介绍

元件是在 Flash 中创建的影片剪辑、图形、按钮，都保存在"库"面板中。当修改元件的内容后，所修改的内容就会运用到所有包含此元件的文件中，这样就使得用户对影片的编辑更加容易。在文档中使用元件会明显地减小文件的大小，Flash 元件可以套用。

3.1.1 元件分类

Adobe Flash CS6 的元件有 3 种类型：影片剪辑（Movie Clip，MC）、图形（Graphic）、按钮（Button）。

1. 影片剪辑

影片剪辑实际上是可重复使用的动画片段，它拥有相对于主时间轴独立的时间轴，也拥有相对于舞台的主坐标系独立的坐标系。它是一个容器，可以包含一切素材，例如用于交互的按钮、声音、图片和图形等，甚至可以是其他的影片剪辑。同时，在影片剪辑中也可以添加动作脚本来实现交互和复杂的动画操作。通过对影片剪辑添加滤镜或设置混合模式，可以创建各种复杂的效果。在影片剪辑中，动画可以自动循环播放，当然也可以用脚本来进行控制。

2. 图形

图形是元件的一种最原始的形式，它与影片剪辑相类似，可以放置其他元件和各种素材。图形元件也有自己独立的时间轴，可以创建动画，但它不具有交互性，无法像影片剪辑那样添加滤镜效果和声音。

3．按钮

按钮用于在动画中实现交互，有时也可以使用它来实现某些特殊的动画效果。一个按钮元件有 4 种状态，分别是弹起、指针经过、按下和单击，每种状态可以通过图形或影片剪辑来定义，同时可以为其添加声音，如图 3-1 所示。在动画中一旦创建了按钮，就可以通过 ActionScript 脚本来为其添加交互动作。

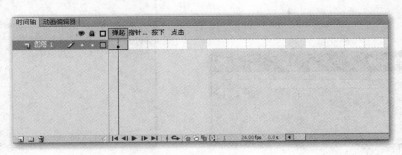

图 3-1　按钮

3.1.2　元件创建

在 Adobe Flash CS6 中，创建元件实际上是利用元件自身的时间轴进行动画创作的过程。要创建元件，一般有两种方法，一种方法是将舞台上的选定对象转换为元件；另一种方法是创建一个空白元件，然后绘制或导入需要的对象。

1．转换为元件

在舞台上绘制或导入对象后，如图 3-2 所示，可以将其转换为元件。在舞台上选中对象，选择"修改"→"转换为元件"菜单命令（或按〈F8〉键），如图 3-3 所示。此时将打开"转换为元件"对话框，在"名称"文本框中输入元件名称，在"类型"下拉列表中选择元件类型，例如这里选择所绘图形后将其转换为图形元件，如图 3-4 所示。

图 3-2　舞台上绘制好对象图　　图 3-3　"转换为元件"命令　　图 3-4　"转换为元件"对话框

2．新建元件

选择"插入"→"新建元件"菜单命令（或按〈Ctrl+F8〉组合键）将打开"创建新元件"对话框，如图 3-5 所示。在其中设置元件名称和元件类型后，单击"确定"按钮，Flash

会将元件添加到库中，同时打开该元件的编辑窗口，在该窗口中即可直接创建需要的元件内容，如图 3-6 所示。

图 3-5 "创建新元件"对话框

图 3-6 库中显示新建的元件

3.1.3 元件用法

创建元件以后，舞台会自动进入元件的编辑模式。注意舞台的左上角有场景名和元件名，单击场景名则回到原来的影片编辑模式下，而"库"面板中也会显示该元件。在元件的编辑模式下，绘制一个物体，会看到"库"面板中的元件预览窗口中显示该物体，如图 3-7 所示。

单击舞台左上角的场景名，返回影片编辑模式，或者在元件编辑模式下，双击空白处，也可以回到影片编辑模式，这时会发现舞台中空空如也。这是因为虽然创建了元件，但是元件还像一个演员一样，在后台也就是"库"面板中等着上场。这时可以使用鼠标，将"库"面板中的元件拽到舞台上。一个不够，还可以多拽几次，这样元件就在舞台上登台亮相了。

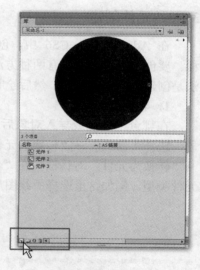

图 3-7 预览元件

3.1.4 元件的修改和编辑

如果对元件不满意，希望进行修改的话，则可以在"库"面板中双击该元件，或者直接在舞台上双击该元件，就可以重新进入元件编辑模式下，对该元件进行重新编辑。需要注意的是，元件一旦被重新编辑，那么在舞台中所有的该元件都会发生相应的变化。

如果元件在舞台当中，则可以直接双击该元件，进入内部进行编辑。如果元件在"库"面板中没有被拖到舞台上，则可以在"库"面板中双击该元件进入其内部进行编辑。编辑完毕以后，可以单击舞台左上角的场景名返回，也可以双击元件周围的空白区域返回舞台，如图 3-8 所示。

在 Flash 中可以对元件进行整体的调整。选中需要调整的元件，在"属性"面板中，打开"色彩效果"选项组中的"样式"下拉列表，在"样式"下拉列表中有 5 个选项，分别为："无"、"亮度"、"色调"、"高级"、"Alpha"，如图 3-9 所示。

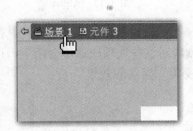

图 3-8 返回场景中

图 3-9 "色彩效果"

- 无：是指对该元件无须添加任何色彩效果。
- 亮度：是指对该元件进行亮度的整体调整，选择了该选项后，下面会出现一个亮度的调节杠杆，数值越高，亮度越强，如图 3-10 示。
- 色调：是指对该元件进行色调的调整，选择该选项后，右侧会出现一个色块，单击可以进行颜色的调整，而下面会出现"色调""红""蓝""绿" 4 个调节滑块。具体调节方法为，先单击色块，设定好主色调，然后调节下面的"色调"的参数，值越高，元件就会越接近主色调的颜色，而通过"红""蓝""绿" 3 个参数，可以更加细致地调节主色调的 RGB 值，如图 3-11 所示。

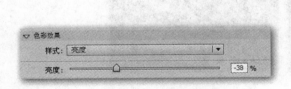

图 3-10 亮度的调节杠杆

图 3-11 色调调节

- 高级：该选项可调节的参数是最多的，它可以调整"Alpha""红""蓝""绿" 4 个选项的参数，每个选项共两个值，分别为百分比和偏移值，可以进行更加细致的调整，如图 3-12 所示。
- Alpha：该选项用于调节元件的透明度，选择此选项以后，下面会出现调整滑块，数值越低，元件就会越透明，如图 3-13 所示。

另外有一些整体编辑的命令，则是影片剪辑和按钮元件类型所独有的。选中需要调整的影片剪辑或按钮元件，在"属性"面板中，可以看到还有"显示"和"滤镜"两个选项组，如图 3-14 所示。

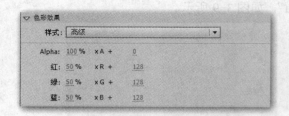

图 3-12　高级

图 3-13　Alpha

打开"显示"选项组，在"混合"选项后面有一个下拉按钮，其下拉列表中有多种选项，如图 3-15 所示。经常使用 Adobe Photoshop 的读者对这些选项应该不会陌生，这些都是图层混合模式的选项，如图 3-16 所示，就是应用"变暗"模式的效果。

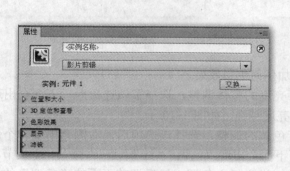

图 3-14　"显示"和"滤镜"两个选项组

图 3-15　"混合"选项

图 3-16　应用"变暗"模式前后效果对比

选中相应的元件，打开"滤镜"选项组，单击面板最左下角的"添加滤镜"按钮，会弹出显示所有滤镜效果的菜单，如图 3-17 所示。常用 Adobe Photoshop 的读者应该也会发现，这些都是"图层样式"的选项，选中一个滤镜，元件会发生相应的改变，在"滤镜"选项组中也会出现相应的参数，如图 3-18 所示就是应用"投影"滤镜的效果。

　　有时候对一个元件加了很多的特效，但是忽然发现，应该对另一个元件这样加才对。这个时候可以用到"交换元件"命令，将此元件替换为彼元件，而所添加的特效也会保留下来。具体操作为：在舞台上右击需要交换的元件，在弹出的快捷菜单中选择"交换元件"命令，随后在弹出

来的对话框中选择需要交换的元件，单击"确定"按钮即可完成交换元件的操作。如图 3-19、
图 3-20 所示。

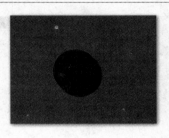

图 3-17 "添加滤镜"按钮　　　　　　　图 3-18 "投影"滤镜的效果

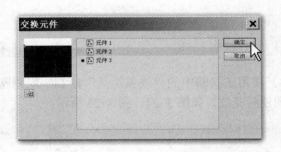

图 3-19 "交换元件"的命令　　　　　　图 3-20 "交换元件"对话框

3.1.5 案例：元件用途演示

本案例介绍元件的应用——蝴蝶，如图 3-21 所示。

1）打开 Adobe Flash CS6 软件，新建 Flash 文档，如图 3-22 所示。

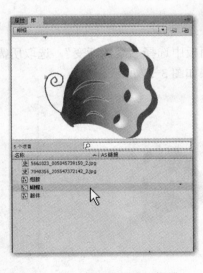

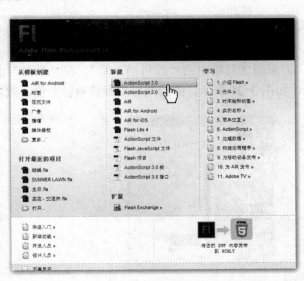

图 3-21 元件的应用——蝴蝶　　　　　　图 3-22 新建 Flash 文档

2）选择"文件"→"保存"菜单命令，在弹出的"另存为"对话框中，在"文件名"组合框中输入"蝴蝶元件"，单击"保存"按钮，如图3-23所示。

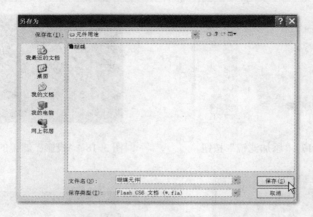

图3-23　输入"蝴蝶元件"

3）使用工具箱中的"线条工具"绘制蝴蝶翅膀轮廓，使用"椭圆工具"在舞台上绘制蝴蝶的翅膀花纹，如图3-24、图3-25所示。

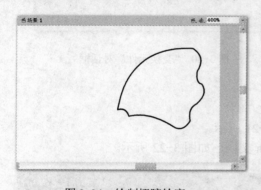

图3-24　绘制翅膀轮廓

图3-25　绘制翅膀花纹

4）单击工具箱中的"颜料桶工具"，在"颜色"面板中选择"线性渐变"，选取所需的颜色，如图3-26所示，给绘制好的蝴蝶翅膀上色，效果如图3-27所示。

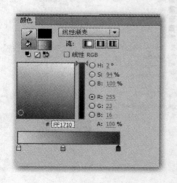

图3-26　"颜色"面板

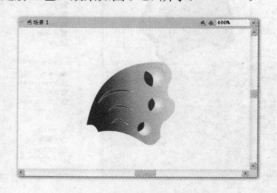

图3-27　蝴蝶翅膀上色效果

5）单击工具箱中"选择工具"，选中舞台上的图形，如图 3-28 所示。

6）选择"修改"→"转换为元件"菜单命令（或按〈F8〉键），如图 3-29 所示。此时将打开"转换为元件"对话框，在"名称"文本框中输入"翅膀"，在"类型"下拉列表中选择元件类型，选择所绘图形将其转换为图形元件，如图 3-30 所示。同时在"库"面板中显示该元件，如图 3-31 所示。

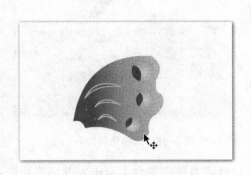

图 3-28　选中舞台上的图形

图 3-29　"转换为元件"命令

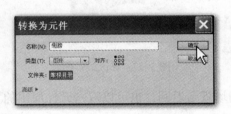

图 3-30　"转换为元件"对话框

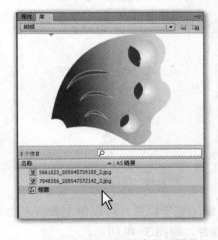

图 3-31　"库"面板中显示图形

7）用与上述同样的方法制作出蝴蝶躯干的元件，如图 3-32、图 3-33、图 3-34、图 3-35所示。

图 3-32　用"椭圆工具"绘制躯干

图 3-33　用"任意变形工具"调整

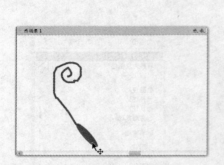

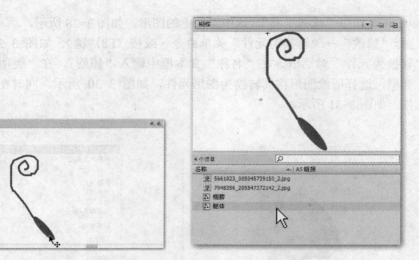

图 3-34　用"铅笔工具"绘制触角　　　　　　图 3-35　将触角转换为元件

8）在"库"面板中双击绘制好的元件，或者直接在舞台上双击元件，重新进入元件编辑模式下，对元件不满意的地方进行重新编辑，如图 3-36、图 3-37 所示。

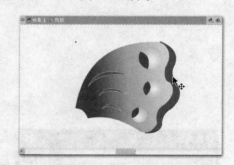

图 3-36　修改蝴蝶躯干　　　　　　　　　图 3-37　修改蝴蝶翅膀

9）编辑完毕以后，可以单击舞台左上角的场景名返回，也可以双击元件周围的空白区域返回舞台，如图 3-38 所示。

10）这时，蝴蝶的各部分元件已经制作完毕，将存储在"库"面板中的蝴蝶躯干、翅膀用鼠标拖入到舞台上进行排列组合（翅膀拖入两次），如图 3-39 所示。

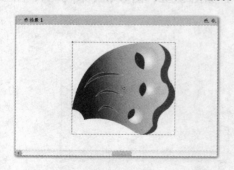

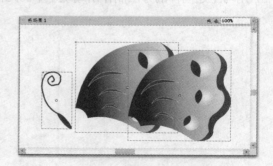

图 3-38　返回舞台　　　　　　　　　　　图 3-39　拖入到舞台

11）选中舞台上的躯干元件，右击，选择"排列"→"移至顶层"命令，如图3-40所示。

12）蝴蝶各部分元件位置调整完成，如图3-41所示。

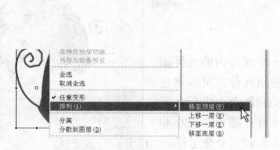

图3-40　躯干移至顶层

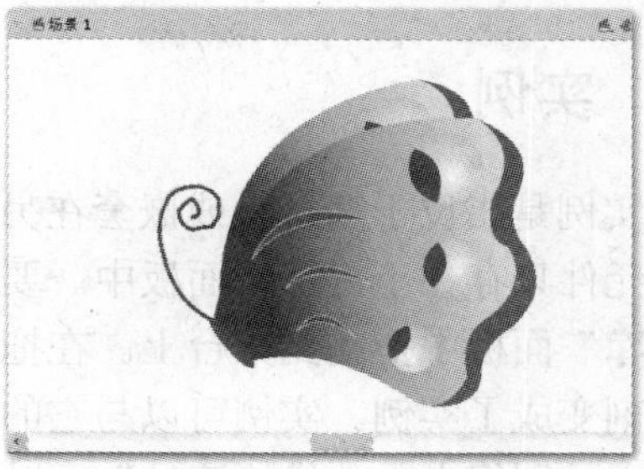

图3-41　位置调整完成

13）为了使蝴蝶的两个翅膀形成前后对比，将后面翅膀的亮度调暗。选中后面的翅膀，在"属性"面板中，打开"色彩效果"选项组，选择"样式"下拉列表中的"亮度"选项，将亮度值调低，如图3-42所示，效果如图3-43所示。

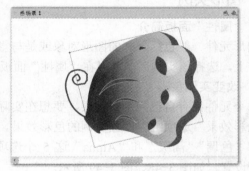

图3-42　翅膀亮度调节

图3-43　亮度调节后效果

14）选中舞台上组合好的蝴蝶元件，如图3-44所示。选择"修改"→"转换为元件"命令（或按〈F8〉键），此时将打开"转换为元件"对话框，在"名称"文本框中输入"蝴蝶1"，在"类型"下拉列表中选择元件类型，选择"影片剪辑"选项，将其转换为影片剪辑元件，如图3-45所示。同时在"库"面板中显示该元件，如图3-46所示。

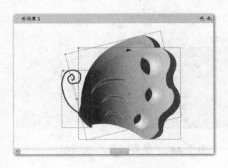

图3-44　选中舞台上的蝴蝶元件

图3-45　转换为元件

15）选择"文件"→"保存"菜单命令，保存"蝴蝶元件"文件。

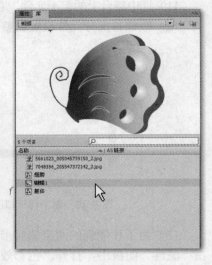

图 3-46 "库"面板中显示该元件

3.2 实例

实例是指位于舞台上或嵌套在另一个元件内的元件副本。元件只存在于"库"面板中。要使用元件，可以将它从"库"面板中拖动到舞台上。在拖动到舞台上之后，元件立刻变成了实例。实例可以与它的元件在颜色、大小和功能上差别很大，就像"演员"可以化妆到完全变了样。

实例来源于元件，舞台上的任何实例都是由元件衍生的。如果元件被删除，则舞台上所有由该元件衍生的实例（除非已经解除与元件的关系）也将被删除。如果元件被修改，则舞台上所有由该元件衍生的实例将自动更新。

3.2.1 图形实例

1. "属性"面板简介

图形元件一般包括静态的图形对象或是与影片的主时间轴同步的动画。将图形元件放置到舞台上，选择该实例后，可以在"属性"面板中对实例进行设置，如图 3-47 所示。

2. 改变实例色彩

每个元件都有自己的色彩效果，要想在实际应用中改变这个效果，可以在"属性"面板的"色彩效果"选项组中设置实例的色彩效果。在该选项组中，"样式"下拉列表包含"无""亮度""色调""高级"和"Alpha"这 5 个选项，在下拉列表中选择相应的选项，即可对实例进行设置，如图 3-48、图 3-49 所示。

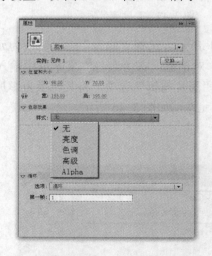

图 3-47　图形实例的"属性"面板

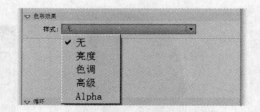

图 3-48　"色彩效果"选项组

3. 循环

"循环"选项组是图形实例一个独有的设置选项组，用于设置实例跟随动画同时播放的方式。在"选项"下拉列表中选择相应的选项即可进行设置，如图 3-50 所示。

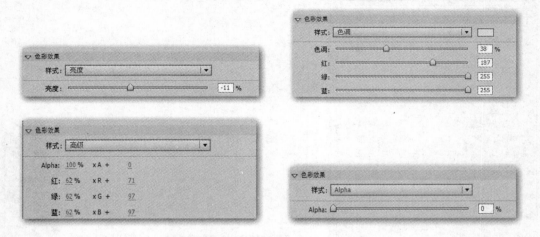

图 3-49 "亮度""色调""高级"和"Alpha"

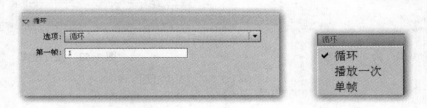

图 3-50 "循环"栏

- "循环"：选择该选项，实例跟随动画的同时循环播放自身动画，在"第一帧"文本框中输入动画开始的帧。
- "播放一次"：选择该选项，从指定帧开始播放动画序列，播放完毕后动画停止。在"第一帧"文本框中输入指定帧的帧数。
- "单帧"：显示动画序列中的某一帧，在"第一帧"文本框中输入需要显示的帧的帧数。

3.2.2 影片剪辑实例

1. 实例名称

在 Flash 中，影片剪辑是一种对象，可以通过 ActionScript 来进行调用。为了实现这种调用，需要给予影片剪辑一个可以识别的名称，这个名称并不是该元件在"库"面板列表中的名称。在"属性"面板的"实例名称"文本框中输入名称，即可为影片剪辑命名，如图 3-51 所示。

2. 设置实例的混合模式

对于影片剪辑来说可以像 Adobe Photoshop 那样处理对象之间的混合模式，通过混合模式的设置来创建复合图像效果，如图 3-52 所示。所谓的复合，是改变两个或多个重叠图像的透明度或颜色关系的过程。通过复合可以混合重叠影片剪辑中的颜色，从而创造独特的视觉效果，如图 3-53 所示。

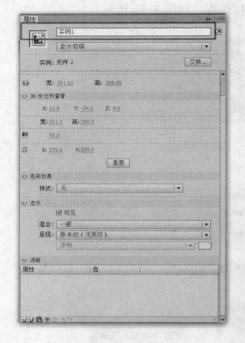

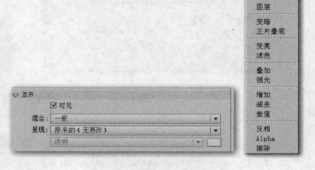

图 3-51　为实例命名　　　　　　　　　　　　　　图 3-52　混合模式

图 3-53　正片叠底效果对比

3.2.3　按钮实例

按钮实际上是一个有 4 帧的影片剪辑，这 4 个帧对应按钮的 4 种不同的状态。按钮实例的时间轴不能播放，但可以感知用户鼠标的动作，并根据鼠标动作来触发对应的事件。要设置按钮实例的属性，可以在其"属性"面板中进行，如图 3-54 所示。

3.2.4　改变实例

对于创建的实例，用户可以在"属性"面板中对其进行设置，这里除了可以更改实例的色彩、大小和添加滤镜等操作之外，还可以改变实例的类型和交换实例。同时，实例也可以被分离以便对其进行编辑修改。

- 改变实例的类型，如图 3-55 所示。

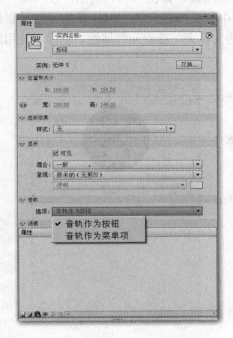

图 3-54　按钮实例的"属性"面板

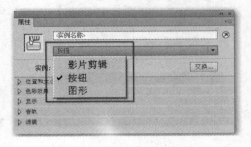

图 3-55　改变实例的类型

- 交换实例的过程，如图 3-56、图 3-57 所示。

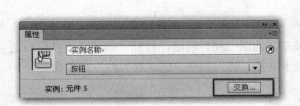

图 3-56　单击"交换"按钮

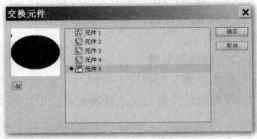

图 3-57　"交换元件"对话框

3.3　"库"面板介绍

库是 Flash 影片中所有可重复使用的元素的存储仓库。所有的元件一经创建就保存在库中，导入的外部资源（如视频文件、位图、声音文件等）也都保存在库中。使用库，能够给创作带来极大的方便，省略很多重复操作，且可以使不同的文档之间共享各自库中的资源。

3.3.1　库内元件的管理

选择"窗口"→"库"菜单命令，如图 3-58 所示，可打开当前"库"面板。"库"面板包括标题栏、预览窗口、文件列表和库文件的管理工具，如图 3-59 所示。在"库"面板中，不同类型的元件显示不同的图标。在该面板中可以预览元件、创建新的元件、删除元件、重命名元件、复制元件、建立用于元件分类的文件夹、查看元件属性、删除未使用的项目等操作。

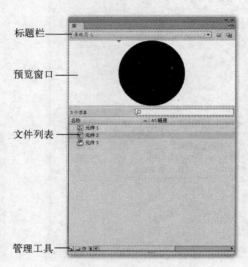

图 3-58　"窗口"→"库"菜单命令　　　　　图 3-59　"库"面板

1．预览元件

预览窗口，用于显示文件内容，若元件包含多帧，则预览窗口中会出现播放控制按钮，单击"播放"按钮，可以播放该元件的动画效果；单击"暂停"按钮，则暂停播放，如图 3-60 所示。

2．创建新元件

单击"库"面板左下角的"新建元件"按钮，如图 3-61 所示，打开"创建新元件"对话框，可为新元件命名及选择新元件类型，相当于选择"插入"→"创建新元件"菜单命令。

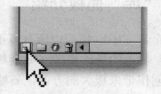

图 3-60　预览窗口　　　　　　　　　　图 3-61　"新建元件"按钮

94

3．删除元件

在"库"面板中，选中要删除的元件，右击，在弹出的快捷菜单中选择"删除"命令，将弹出删除元件提示框，单击"删除"按钮即可。或者选中元件后单击"库"面板左下角的"删除"按钮，同样可删除元件，如图 3-62 所示。

4．重命名元件

在"库"面板中，选中一个元件，右击，在弹出的快捷菜单中选择"重命名"命令（或双击元件名称），此时元件名处于编辑状态，输入新的元件名称即可。

5．复制元件

在"库"面板中，选中要复制的元件，右击，在弹出的快捷菜单中选择"直接复制"命令，弹出"直接复制元件"对话框，如图 3-63 所示，在"名称"文本框中输入新的文件名，完成后单击"确定"按钮，在"库"面板中复制一个名称不同但内容相同的元件。

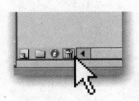

图 3-62　"删除"按钮

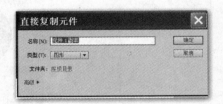

图 3-63　"直接复制元件"对话框

6．创建文件夹

1）单击"库"面板左下角的"新建文件夹"按钮，如图 3-64 所示。建立一个新的元件文件夹，此时文件夹名处于可编辑状态，将文件夹重新命名。

2）按住〈Ctrl〉键，依次选中要放入该文件夹中的元件，然后用鼠标将它们拖入新建文件夹的图标上，松开鼠标，即可将这些文件放入该文件夹中。

7．查看元件属性

单击"属性"按钮，可以查看和修改库中文件的属性。选择库中任何一个文件，例如选中一个位图元件，单击"属性"按钮，在弹出的对话框就会显示该图形元件的名称、类型、路径及创建的日期等一系列属性，如图 3-65、图 3-66 所示。

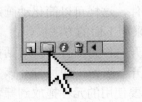

图 3-64　"新建文件夹"按钮

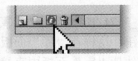

图 3-65　"属性"按钮

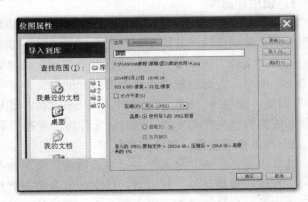

图 3-66　"位图属性"对话框

8. 库操作菜单

在"库"面板右上角有个菜单选项按钮，对其单击后可打开库操作菜单，所有对库的操作都可以从该菜单中选择相应的命令，如图 3-67 所示。

9. 删除未使用库项目

在元件库中，可能有一些项目到最后是没用到的，为了减小文件的体积，我们可以将这些没用的项目删除。具体操作步骤为：

1）单击"库"面板右上角的库菜单按钮，在弹出的菜单中选择"选择未用项目"命令，所有未使用的项目都被选中，如图 3-68 所示。

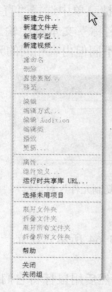

图 3-67　库操作菜单　　　　　图 3-68　"选择未用项目"命令

2）单击"库"面板底部的"删除"按钮，即可删除这些未使用的项目。

3.3.2　外部文件导入

1. 使用外部库

在制作动画时，用户可以使用已经制作完成的动画中的元件，这样可以简化动画制作的工作量，节省制作时间并提高制作效率。要使用外部库，可以采用下面的方法操作：

选择"文件"→"导入"→"打开外部库"菜单命令，打开"作为库打开"对话框，如图 3-69 所示，在对话框中选择需要打开的源文件，单击"打开"按钮，即可打开该文档的"库"面板，如图 3-70 所示。此时，只需在"库"面板中将需要使用的元件拖放到舞台，该元件即成为当前文件的实例，同时该元件将出现在当前文档的"库"面板中。

2. 导入外部图像、视频和音频

选择"文件"→"导入"→"导入到库"菜单命令，如图 3-71 所示，选择计算机中的图片、音频或视频文件，然后双击该文件或者单击"打开"按钮，这样在"库"面板中就会出现该文件，但是并没有出现在舞台上，可以使用鼠标把该文件从"库"面板中直接拖到舞台上，如图 3-72、图 3-73 所示。

图 3-69 "作为库打开"对话框

图 3-70 外部库

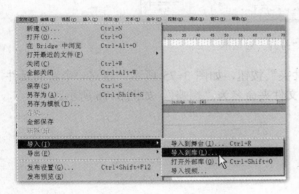

图 3-71 导入到库菜单

图 3-72 在"库"面板中显示导入的对象

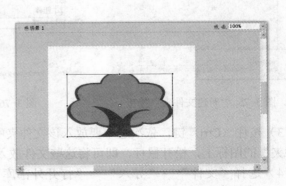

图 3-73 将导入的对象拖入舞台

3.3.3 案例：库的作用

在"元件的应用——蝴蝶"制作完成的基础上，对其"库"面板进行整理，为制作"蝴蝶丛中飞"动画做准备。

1）打开 Adobe Flash CS6 软件，新建 Flash 文档，选择"文件"→"打开"菜单命令，找到"蝴蝶"文档，单击"打开"按钮，如图 3-74 所示。

图 3-74 "打开"对话框

2）单击"库"面板左下角的"新建文件夹"按钮，如图 3-75 所示。建立一个新的元件文件夹，此时文件夹名处于可编辑状态，将文件夹命名为"蝴蝶"，如图 3-76 所示。

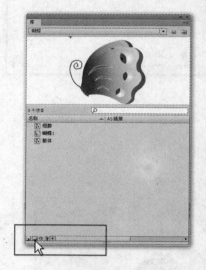

图 3-75 "新建文件夹"按钮

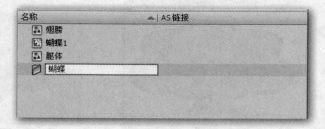

图 3-76 新建文件夹命名为"蝴蝶"

3）按住〈Ctrl〉键，依次选中要放入该文件夹中的元件，然后用鼠标将它们拖到"新建文件夹"的图标上，松开鼠标，即可将这些文件放入该文件夹中，如图 3-77 所示。

4）选择"文件"→"导入"→"打开外部库"菜单命令，打开"作为库打开"对话框，如图 3-78 所示，在对话框中选择所需背景素材"背景"的源文件，单击"打开"按钮，即可打开该文档的"库"面板，如图 3-79 所示。此时，只需在"库"面板中将需要使用的元件拖放到舞台上，该元件将出现在当前文档的"库"面板中，如图 3-80 所示。

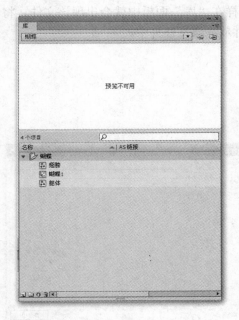

图 3-77 拖入"蝴蝶"文件夹中

图 3-78 "作为库打开"对话框

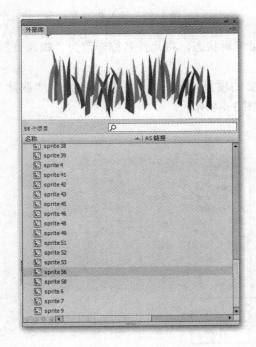

图 3-79 外部库

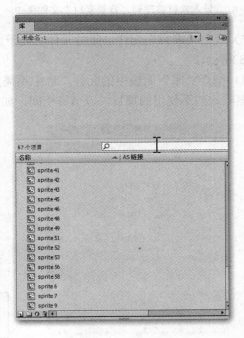

图 3-80 该元件将出现在当前文档的"库"面板中

5）将新建文件夹命名为"背景素材"，将导入的背景素材元件全选，拖入该文件夹中，如图 3-81 所示。

6）选择"文件"→"导入"→"导入到库"菜单命令，如图 3-82 所示，选择计算机中所需的蝴蝶素材 PSD 文件，单击"打开"按钮，这样在"库"面板中就会出现该文件。将新建文件夹命名为"蝴蝶 2"，将导入的蝴蝶 PSD 文件放入该文件夹中。

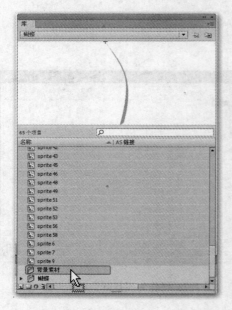

图 3-81　导入素材整理到"背景素材"文件夹中　　　　　图 3-82　导入 PSD 文件

7）双击"蝴蝶"元件，此时元件名处于可编辑状态，将元件名称修改为"蝴蝶 1"，如图 3-83 所示。

8）检查"库"面板中的元件，选中不需要的项目，单击"库"面板底部的"删除"按钮，删除这些不使用的项目，以节省空间，如图 3-84 所示。

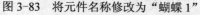

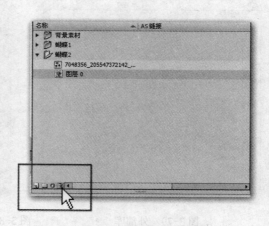

图 3-83　将元件名称修改为"蝴蝶 1"　　　　　　图 3-84　删除不使用的项目

9）"库"面板整理完成，如图 3-85 所示。

图 3-85 "库"面板整理完成

3.4 图层属性和时间轴概念

3.4.1 时间轴操作及运用

"时间轴"面板主要用于组织和控制影片中图层和帧的内容，使这些内容随着时间的推移而发生相应的变化。时间轴主要由以下对象组成：帧、图层和播放头，如图 3-86 所示。

在 Flash 中，采用"时间轴"与"帧"的设计方式，来进行动画的制作。时间轴是一个以时间为基础的线性进度安排表，让设计者很容易地以时间的进度为基础，顺序地安排每一个动作。

Flash 中的"时间轴"面板，位于软件界面的上方。如果在屏幕上看不到这个窗口，则可以选择"窗口"→"时间轴"菜单命令，将其显示，如图 3-87 所示。

1．帧

帧是组成动画的最基本元素，制作动画的大部分操作都是对帧的操作。在 Flash 的"时间轴"面板中，帧有 3 种类型：关键帧、空白关键帧和帧。

（1）关键帧

关键帧是动画片段开始与结束的决定画面。通常 Flash 会依照第一帧的关键帧和最后一帧的关键帧，来决定动画的进行方式。也就是说，只要安排好这两张画面，就可以制作出一段动画作品。

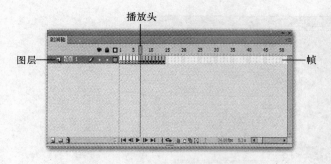

播放头

图层 —————— 帧

图 3-86　"时间轴"面板　　　　　　　图 3-87　选择"窗口"→"时间轴"命令

（2）空白关键帧

空白关键帧是指它本身是关键帧，但该帧没有任何元素。

（3）帧

帧也称静态帧，所有出现在"时间轴"中的帧都称为"帧"。在 Flash 的动画制作模式中，"帧"往往代表中间画面，也就是第一帧与最后一帧画面间渐变的过程，因此它们是无法被编辑和修改的。

2．图层

图层可以帮助用户组织文档中的插图。可以在图层上绘制和编辑对象，而不会影响其他图层上的对象。在图层上没有内容的舞台区域中，可以透过该图层看到下面的图层。

3．播放头

播放头指示当前在舞台中显示的帧。在播放 Flash 文档时，播放头从左向右通过时间轴。播放头上面有一条红色的指示线，它主要的作用有两个：一是浏览动画，当用户用鼠标拖动时间轴上的播放头时，随着播放头位置的变化，动画也会按照播放头的拖动方向进行播放。第二是选择指定的帧，当用户需要编辑某一帧时，只要将播放头移动到该帧上即可。

3.4.2　帧的相关属性及用法

1．帧的相关属性

当在 Flash 的"时间轴"面板中进行不同的操作，帧会以不同的图标来显示。

下面说明不同图标的含义。

- 表示"空白关键帧"，该帧没有任何元素。
- 表示关键帧，在空白关键帧加入对象后即可变成关键帧。
- 表示"空白帧"，关键帧后呈白色状态的帧为空白帧；关键帧后呈灰色状态的帧表示内容没有发生变化，和关键帧中的内容相同。
- 表示"运动过渡帧"，用箭头显示出动画的过程，背景颜色为浅紫色。
- 表示"形状过渡帧"，用箭头显示出动画的过程，"形状过渡帧"与"运动过渡帧"的区别是"形状过渡帧"的背景颜色为浅绿色。
- 虚线代表在过渡动画的过程中出了问题，应检查开头与结尾关键帧的属性。
- 当关键帧上有一个小写的字母"a"出现时，表示这个帧已被指定动作脚本，该帧可以实现相应的交互动作。
- 关键帧上有一个小红旗，表示该帧上设定了"帧标签"或"注释"。帧标签用于标识"时间轴"的关键帧。当添加或移动帧的时候，帧标签也会跟着动。因为帧标签同影片数据同时输出，所以为了获得较小的文件体积，要避免长名称。帧注释有助于对影片进行后期操作，更方便处理同一个文件的其他代码。帧注释的内容不会同影片内容一起输出。

- [图标] 表示在该帧中加入了声音。
- [图标] 金色的锚记，表明该帧是一个命名"锚记"。命名锚记使 Flash 的导航变得很简单，它可以使观众使用"浏览器"中的"前进"和"后退"按钮，即从影片中的一个帧跳到另一个帧，或者从一个场景跳到另一个场景。
- [图标] 关键帧之间为浅蓝色背景，且关键帧之间以虚线连接，表示创建的动画为动作补间动画，但该动画没有创建成功，或在创建时操作出现错误。
- 在"时间轴"面板的最右上方，有一个"小标尺"按钮，单击该按钮，将会弹出一个下拉菜单，如图 3-88 所示，选择相应的选项，可以更改帧的显示方式，"时间轴"也随之发生变化。

2．帧的用法

（1）插入帧或关键帧

- 选择"插入帧"命令（如图 3-89 所示）或按〈F5〉键。
- 插入一个关键帧，按〈F6〉键。
- 插入一个空白关键帧，按〈F7〉键。

图 3-88 "小标尺"下拉菜单

图 3-89 "插入帧"命令

（2）选择帧

- 若要选择一个帧，请单击该帧。如果已选中"基于整体范围的选择"复选框，请按住〈Ctrl〉键单击该帧（选择"编辑"→"首选参数"菜单命令，在"常规"选项设置界面选中"基于整体范围的选择"复选框，如图 3-90 所示）。
- 若要选择多个连续的帧，请按住〈Shift〉键单击其他帧。
- 若要选择多个不连续的帧，请按住〈Ctrl〉键单击其他帧。
- 若要选择时间轴中的所有帧，请选择"编辑"→"时间轴"→"选择所有帧"菜单命令，如图 3-91 所示。

● 若要选择整个静态帧范围，请双击两个关键帧之间的帧。如果已选中"基于整体范围的选择"复选框，请单击序列中的任何帧。

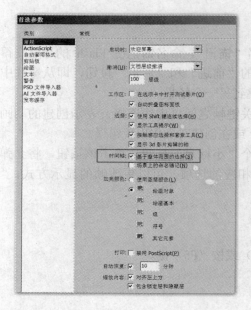

图 3-90 基于整体范围的选择

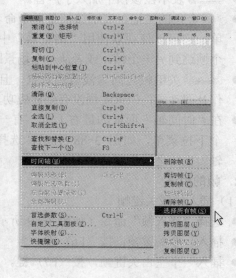

图 3-91 选择所有帧

（3）移动帧

选中需要移动的帧进行拖动即可，如图 3-92 所示。

（4）复制帧

选择帧或序列并选择"编辑"→"时间轴"→"复制帧"菜单命令。选择要替换的帧或序列，然后选择"编辑"→"时间轴"→"粘贴帧"菜单命令或者右击，如图 3-93、图 3-94 所示。

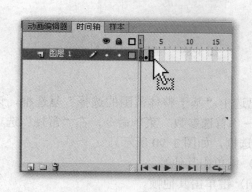

图 3-92 移动帧

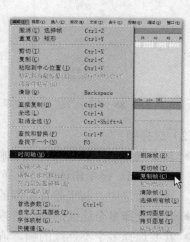

图 3-93 复制帧

（5）删除关键帧

选择关键帧，右击，选择"清除关键帧"命令，如图 3-95 所示。

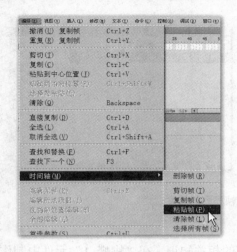

图 3-94　粘贴帧

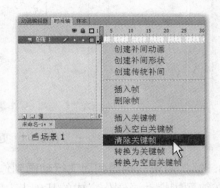

图 3-95　清除关键帧

（6）清除帧

选择关键帧，再选择"编辑"→"时间轴"→"清除帧"菜单命令，或者右击关键帧，选择"清除帧"命令。如图 3-96 所示。

（7）删除帧

选择帧或序列，再选择"编辑"→"时间轴"→"删除帧"菜单命令，或者右击，从快捷菜单中选择"删除帧"命令。如图 3-97 所示。

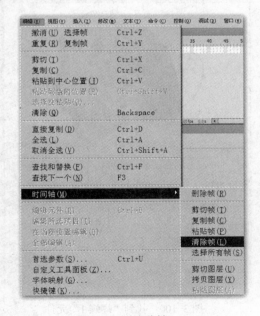

图 3-96　清除帧

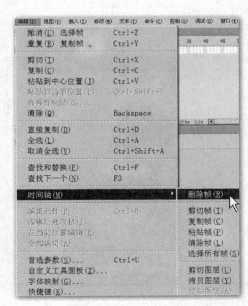

图 3-97　删除帧

（8）更改静态帧序列的长度

选中开始帧或结束帧，向左或向右拖动，拖出一个范围，如图 3-98 所示。

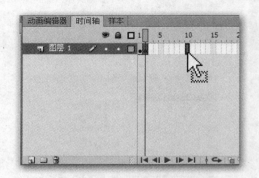

图 3-98　更改静态帧序列的长度

3．帧的用法—蝴蝶侧面飞行动画制作

在前面蝴蝶动画制作完成的基础上，利用帧的相关知识，在"蝴蝶 1"元件中制作飞行动画，如图 3-99 所示。为"蝴蝶丛中飞"动画做准备。

1）打开 Adobe Flash CS6 软件，新建 Flash 文档，选择"文件"→"打开"菜单命令，找到"蝴蝶"文档，单击"打开"按钮。

2）在"库"面板中找到"蝴蝶 1"元件，如图 3-100 所示，双击此元件，进入"蝴蝶1"元件的编辑状态，如图 3-101 所示。

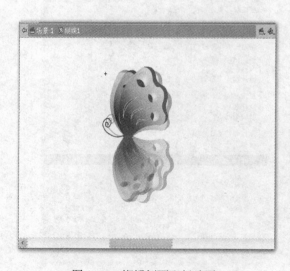

图 3-99　蝴蝶侧面飞行动画

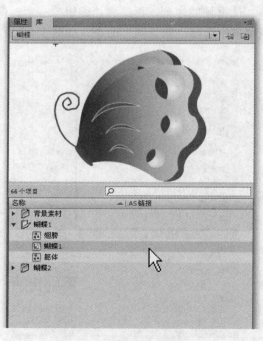

图 3-100　找到"蝴蝶 1"元件

3）在"时间轴"面板上选择第一帧，如图 3-102 所示，单击工具箱中的"任意变形工

具"，调整蝴蝶的动作，如图 3-103 所示。

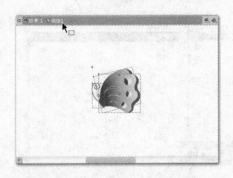 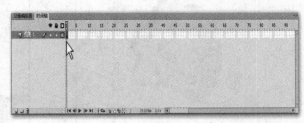

图 3-101 进入"蝴蝶 1"元件的编辑状态　　　图 3-102 选择第一帧

4）按〈F5〉键，在"时间轴"面板上插入关键帧，如图 3-104 所示，按蝴蝶飞行的运动规律，调节蝴蝶的动作，如图 3-105 所示。

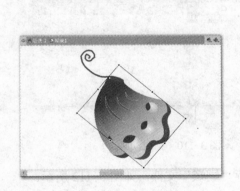 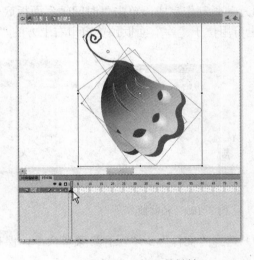

图 3-103 调整蝴蝶的动作　　　　　　　图 3-104 插入关键帧

5）按照上述方法依次插入关键帧，调节蝴蝶的动作，如图 3-106、图 3-107 所示。

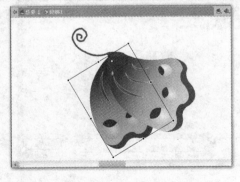 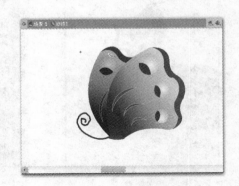

图 3-105 调整动作　　　　　　　　　图 3-106 调整动作

6）全选制作好的 4 帧，右击，选择"复制帧"命令，如图 3-108 所示。

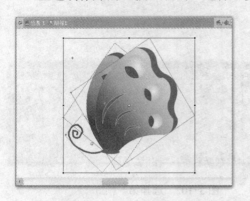

图 3-107 调整动作

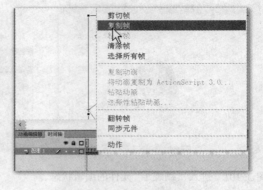

图 3-108 复制帧

7）选中第 5 帧，右击，选择"粘贴帧"命令，如图 3-109 所示。

8）动画制作完成，单击"时间轴"面板底部的"播放"按钮观看效果，如图 3-110 所示。也可用位于"库"面板预览窗口右上方的"播放"按钮进行播放，如图 3-111 所示。

图 3-109 粘贴帧

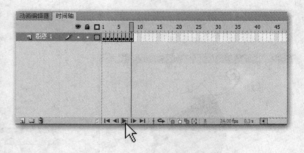

图 3-110 播放动画

9）选择"文件"→"保存"菜单命令，保存"蝴蝶"文件，如图 3-112 所示。

图 3-111 在"库"面板中播放

图 3-112 保存文件

3.4.3 图层属性及运用

图层是在 Flash 当中应用最多的元素了，一个 Flash 至少要放在一个图层里，稍微复杂一点的作品则需要更多的图层，图层多了就不好管理，所以需要按照各个图层的操作和属性分别进行管理。

1. 图层类型

在 Flash 中，除了一般图层外，还包括两个特殊的图层，即引导图层和遮罩层。此外，为了帮助用户更好地组织和管理图层，还可以使用图层文件夹。

（1）引导图层

这类图层实际上包含了两个子类，一种是运动引导层，如图 3-113 所示，它用于辅助其他图层对象的运动或定位，用户可在其中绘制用于控制对象运动的曲线；另一种是普通引导层，如图 3-114 所示，它仅用于辅助制作动画片。尽管用户可以在这两类引导图层中进行绘画和编辑，但其内容都不会出现在将来发布的影片中，如图 3-115 所示。

图 3-113　运动引导层　　　　　　　　图 3-114　普通引导层

（2）遮罩层

遮罩层是一种特殊的图层，如图 3-115 所示，创建遮罩层后，遮罩层下面图层的内容就像透过一个窗口显示出来一样，这个窗口的形状就是遮罩层中内容的形状。

（3）图层文件夹

用于辅助组织与管理图层，并且支持嵌套，如图 3-116 所示。例如，通过隐藏或锁定图层文件夹，可快速隐藏或锁定图层文件夹中的所有图层。

图 3-115　遮罩层　　　　　　　　　图 3-116　图层文件夹

2. 图层操作流程

在 Flash 中，新创建的图层总位于当前图层的上面，并且自动成为活动图层。同时，根据当前图层的状态不同（例如，当前图层为被引导图层、被遮罩层或位于某个图层文件夹中），新建图层也会自动继承这种状态。

1）创建一个新图层。选择"插入"→"时间轴"→"图层"菜单命令，如图 3-117 所示；或单击"时间轴"面板中的"新建图层"按钮，如图 3-118 所示；也可以在"时间轴"

面板中右击图层，从弹出的快捷菜单中选择"插入图层"命令，如图 3-119 所示。

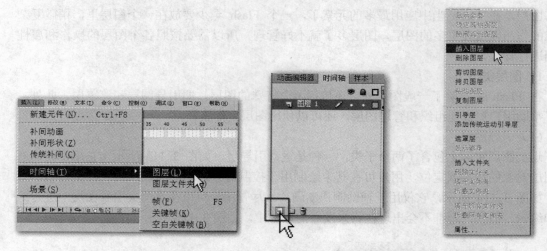

图 3-117 "插入"→"时间轴"→"图层"　　图 3-118 "新建图层"按钮　　图 3-119 "插入图层"命令

2）要创建运动引导层。右击图层，从弹出的快捷菜单中选择"添加运动引导层"命令，如图 3-120 所示。当创建运动引导层时，当前图层会自动成为被引导层，如图 3-121 所示。如果希望使其他图层也成为被引导图层，则可首先选中这些图层，然后将其拖至引导层或被引导层下方即可，如图 3-122 所示。

图 3-120 "添加运动引导层"命令　　　　图 3-121 当前图层会自动成为被引导层

3）创建"遮罩层"。右击图层，从弹出的快捷菜单中选择"遮罩层"命令，如图 3-123 所示。

4）创建图层文件夹。

在"时间轴"面板中选择一个图层或文件夹，然后选择"插入"→"时间轴"→"图层文件夹"菜单命令，如图 3-124 所示。

图 3-122　其他图层也成为被引导图层

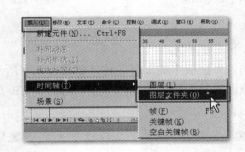

图 3-123　"遮罩层"命令　　图 3-124　"插入"→"时间轴"→"图层文件夹"

　　或右击，选择"插入文件夹"命令，如图 3-125 所示，或单击"时间轴"面板底部的"新建文件夹"图标，如图 3-126 所示。

图 3-125　右击"插入文件夹"命令　　图 3-126　"新建文件夹"图标

3．图层修改

　　要绘制、上色或者对图层或文件夹进行修改，需要在"时间轴"面板中选择该图层以激活它。当图层名字旁边出现一个铅笔图标时，如图 3-127 所示，表示该图层是当前工作图层

（每次只能有一个工作图层）。我们可以隐藏图层来保持当前工作区的清洁，也可以在任何未被锁定的图层中进行编辑，还可以将图层锁定，以防被破坏，还可以在任何图层中查看对象的轮廓线，确定轮廓线的颜色，及改变图层的高度等，如图 3-128 所示。

图 3-127　铅笔图标

图 3-128　图层操作按钮

（1）选择图层

选择图层有以下 4 种方法：

● 单击"时间轴"面板中的图层名称，如图 3-129 所示。

● 单击属于该图层时间轴上的任意一帧，如图 3-130 所示。

图 3-129　单击"时间轴"面板中的图层名称　　　　图 3-130　单击属于该图层时间轴上的任意一帧

● 在编辑区选择该图层对应舞台中的对象，如图 3-131 所示。

● 若要同时选择多个图层，可先按住〈Shift〉键或者是〈Ctrl〉键，再单击所要选择的图层名称。

（2）复制图层

有时需要复制一个图层中的内容及帧系列来建立一个新图层，这在从一个场景到另一个场景或从一个电影到其他电影传递图层很有用。甚至可以同时选择一个场景的所有图层并将它们粘贴到其他任何位置来复制场景。或者可以复制图层的部分帧来生成一个新的图层。无论何时，当用户在另一个图层的开始位置粘贴一个图层的内容及系列时，该图层的名字将自动设置为被复制图层名加上"复制"二字。

1）选定需要复制的图层。

2）选择"编辑"→"时间轴"→"复制图层"菜单命令，用户可以看到两个图层的名称和内容也会一样，然后在此基础上进行修改即可，如图 3-132 所示。

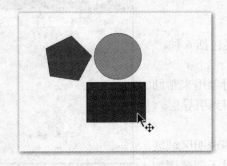

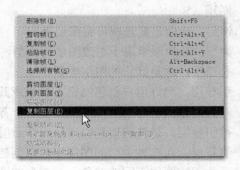

图 3-131　选择该图层对应舞台中的对象　　　　　　　图 3-132　复制图层

（3）删除图层

右击要删除的图层，在快捷菜单中选择"删除图层"命令；或单击"时间轴"面板中的 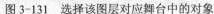 按钮；将要删除的图层用鼠标拖动到 按钮上。

（4）锁定/解锁图层

单击图层名字右边的锁定栏就可以锁定图层，再次单击锁定栏就可以解除对图层的锁定，如图 3-134 所示。

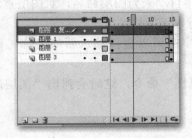

图 3-133　复制图层名称为原图层名加上"复制"二字　　　图 3-134　锁定图层

- 单击"时间轴"面板中的小锁图标，可以将所有的图层锁定，再次单击就可以解除对所有的图层的锁定。
- 在按住〈Alt〉键后，单击任意一个图层上的锁定栏，可以锁定或解除此图层外的所有图层。
- 在按住〈Ctrl〉键后单击任意一个图层可以锁定或解除所有图层。

（5）图层属性

虽然在"图层"面板中可以直接设置图层的显示和编辑属性，但用户也可以通过使用"图层属性"对话框来更改。在"图层属性对话框"中提供了更为全面的修改选项，包括设置图层的高度等一系列图层属性。

图层的属性设置：在任意图层上右击都会弹出快捷菜单，选择其中的"属性"命令，可以打开图层的属性设置对象，在此对话框里可以设置很多属性，例如图层的名称、显示/锁定、对象的轮廓颜色、图层的类型及图层高度等，如图 3-135 所示。

- 名称：在此文本框中可输入或修改图层的名称。

- 显示：显示或隐藏图层。取消选中该复选框，将隐藏图层。
- 锁定：选中该复选框可将图层锁定。
- 类型：该选项组用于更改图层的类型，主要包括 6 种。

普通层：这是默认的图层类型。

引导层：允许用户创建网格、背景或其他对象用来帮助对齐对象的层，用户可以链接若干个普通层到引导层。

被引导层：是被链接到引导层的普通层。

遮罩层：在这种类型的图层中可以创建一些透明区域展示位于该图层下面的对象，这类型的图层对于创建诸如探照灯之类的效果非常有效。

被遮罩：是链接到遮罩层的普通层。

文件夹：创建图层文件夹。

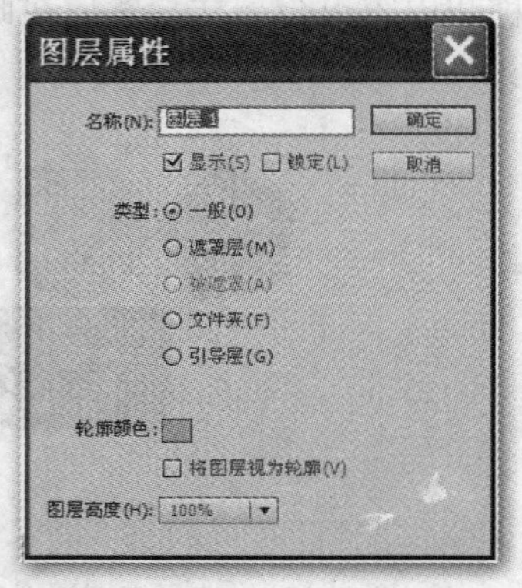

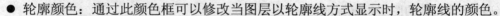

图 3-135 "图层属性"对话框

- 轮廓颜色：通过此颜色框可以修改当图层以轮廓线方式显示时，轮廓线的颜色。
- 将图层视为轮廓：可以用来切换图层中的对象是否以轮廓线方式显示。
- 图层高度：该选项主要用来在"图层"面板中查看声音波形文件细节方面的设置选项。

（6）图层的重命名

在没有命名的情况下，新图层会按照创建的顺序自动来为图层命名，对图层重新命名可以更好地管理图层，若想要对图层重命名，可以进行以下操作：

- 用鼠标双击该图层的名称，当高亮显示文字时可以直接输入新的名称，最后再按〈Enter〉键即可。
- 用鼠标右击某图层，从快捷菜单中选择"属性"命令，这时会弹出"图层属性"对话框，我们可以在此对该图层进行重命名。

（7）改变图层的次序

图层就像透明的薄片一样，在舞台上一层层地向上叠加。图层的顺序将会影响对象的显示效果。要改变图层的顺序，可按以下步骤进行：

1）将鼠标移动到要改变图层顺序的图层上，并按住鼠标左键不放向上或者是向下拖动。

2）在拖动过程中，会看到一条虚线随着鼠标移动，将该虚线移动到想要的位置，然后放开鼠标即可，如图 3-136 所示。

3.4.4 图层操作流程及修改

本案例是图层操作流程及修改的练习——蝴蝶丛中飞，如图 3-137 所示。

图 3-136 改变图层的次序

1）打开 Flash CS6 软件，新建 Flash 文档，选择"文件"→"打开"菜单命令，找到"蝴蝶"文档，单击打开。

2）在"库"面板中找到背景素材，用鼠标拖到舞台上，此时背景素材出现在"图层 1"中，如图 3-138 所示。

3）在"时间轴"面板的左下角处单击"新建图层"按钮，如图 3-139 所示，新建"图层 2"，将"库"面板中的"蝴蝶 2"拖入到舞台上的"图层 2"中，如图 3-140 所示。

图 3-137　蝴蝶丛中飞

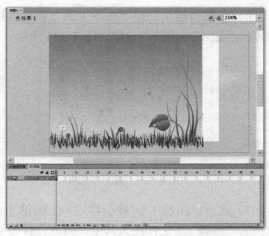

图 3-138　在"图层 1"拖入背景素材

图 3-139　"新建图层"按钮

图 3-140　在"图层 2"中拖入"蝴蝶 2"元件

4）新建"图层 3"，右击图层，从弹出的快捷菜单中选择"添加传统运动引导层"命令，如图 3-141 所示，此时出现引导层，"图层 3"变为被引导层，如图 3-142 所示。

图 3-141　选择"添加传统运动引导层"命令

图 3-142　"图层 3"变为被引导层

5）在"时间轴"面板的第 10 帧上，选择所有图层，按〈F6〉键插入关键帧，如图 3-143 所示。

6）选择引导层，用"线条工具"在此图层上画蝴蝶的运动轨迹（绘制的引导线在测试影片时不显示），如图3-144、图3-145所示。

图3-143　插入关键帧

图3-144　选择引导层

7）选择"图层3"（被引导层）上的第1帧，如图3-146所示，把"库"面板中已做好动画的"蝴蝶1"元件拖入其中，将此元件与引导线的一端吸附，如图3-147所示。

图3-145　画运动轨迹

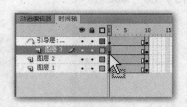

图3-146　选择"图层3"上的第1帧

8）选择"图层3"上的第10帧，如图3-148所示，将"蝴蝶1"元件与引导线的另一端吸附，如图3-149所示。

图3-147　元件与引导线的一端吸附

图3-148　选择"图层3"上的第10帧

9）在"图层3"的第1～10帧之间任意选择一帧（不包括第1帧和第10帧），右击后选择"创建传统补间"命令，如图3-150、图3-151所示，此时"蝴蝶1"就可以沿着运动轨迹飞行了。

10）为了使画面更丰富，新建"图层4"，将"蝴蝶1"元件再拖入一次，用"任意变形工具"改变其方向，如图3-152、图3-153所示。

11）新建"图层5"，右击后选择"遮罩层"命令，将其变为遮罩层，同时移到引导层下方，如图3-154、图3-155所示。

图 3-149　元件与引导线的另一端吸附

图 3-150　创建传统补间

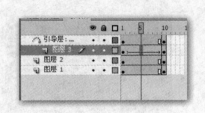

图 3-151　已创建传统补间

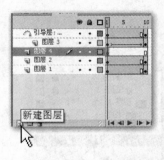

图 3-152　新建"图层 4"

图 3-153　用"任意变形工具"改变元件方向

图 3-154　选择"遮罩层"命令

12）选择"图层 4"，右击后选择"属性"命令，在弹出的"图层属性"对话框中，选择"类型"下的"被遮罩层"，将其变为被遮罩层，如图 3-156 所示。按上述方法将"图层 1""图层 2"都变为被遮罩层，如图 3-157 所示。

图 3-155 "图层 5"变为遮罩层

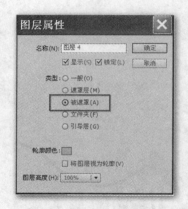

图 3-156 "图层属性"对话框

13）选择"图层 5"（遮罩层），用"矩形工具"在此图层上画出显示区域范围，如图 3-158 所示。

图 3-157 "图层 1""图层 2"都变为被遮罩层

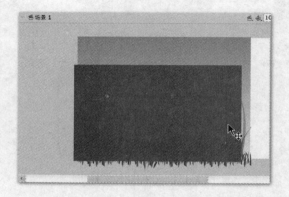

图 3-158 "图层 5"（遮罩层）上画出显示区域范围

14）将所有图层都锁定，如图 3-159 所示。此时舞台上会显示限定区域的内容，如图 3-160 所示。

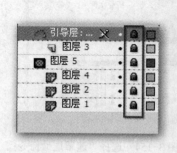

图 3-159 锁定所有图层

图 3-160 舞台上会显示限定区域的内容

15）为了以后更方便修改图层内容，双击图层名，将图层都重新命名，如图 3-161 所示。

16）动画制作完毕，按〈Ctrl+Enter〉组合键预览动画效果，如图 3-162 所示。

图 3-161　重命名图层

图 3-162　动画预览效果

17）选择"文件"→"保存"菜单命令，保存文件，如图 3-163 所示。

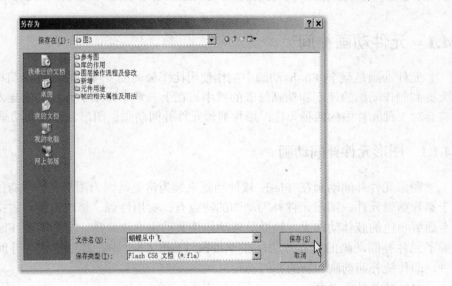

图 3-163　保存文件

第 4 章　Adobe Flash 中的简单动画

本章要点

- 形状补间动画和路径动画
- 遮罩动画和逐帧动画
- 交互动画、组件与行为

动画是由无数静态画面构成的，每个画面表示一帧。将这些静态图像连续不断地显示时，由于人眼存在视觉暂留效应，同时因为相邻两帧图像之间具有微小差异，因此就产生了动画的效果。

4.1　元件动画补间

元件动画是整个 Flash 动画中制作使用比率最高的一项，它的使用简单、方便，能够大大提高制作动画的速率和动画修改的效率。在上一章中介绍了元件的创建方式和分类，本节将会对 3 种元件中的两种元件：影片剪辑元件补间动画、图形元件补间动画进行讲解。

4.1.1　图形元件补间动画

图形元件补间动画在 Flash 软件动画里最为常见，因为图形元件本身的使用频率就要大于影片剪辑元件。图形元件补间动画的特点有：实用性强、修改方便、占文件量小。多用于卡通版角色的肢体动作上，辅助肢体动作使其动作更佳流畅。很多学过 Flash 软件的人都掌握了元件补间动画的建立方法，在 Adobe Flash CS6 中，其创建元件补间动画的方式有两种，即传统补间动画和新的补间动画形式。

（1）传统补间动画

首先，制作一个简单的图形元件补间动画——传统补间动画。

1）打开 Adobe Flash CS6 软件，新建 Flash 文档，如图 4-1 所示。

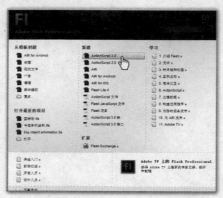

图 4-1　创建文档

2）在舞台上绘制出一个矩形图形并转换为元件，如图 4-2 所示。

3）在"时间轴"面板中的第 25 帧处右击，插入关键帧，如图 4-3 所示。

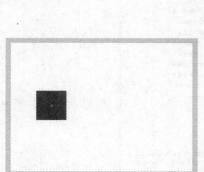

图 4-2　创建图形元件

图 4-3　插入关键帧

4）在舞台上把图形元件向右平移一段距离，如图 4-4 所示。

5）在"时间轴"面板中的任意一帧右击，创建传统补间动画，如图 4-5 所示。

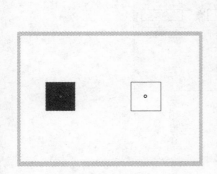
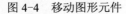

图 4-4　移动图形元件

图 4-5　创建传统补间动画

（2）新的补间动画

由上面步骤可以看出，利用图形元件配合传统补间动画可以制作出流畅的动画效果。除了前面介绍的这种补间动画方式之外，还有另一种补间动画方式，而这种补间动画形式是相对传统补间动画来说的，下面对其做具体介绍。

1）同样需要新建 Flash 文档，如图 4-6 所示。

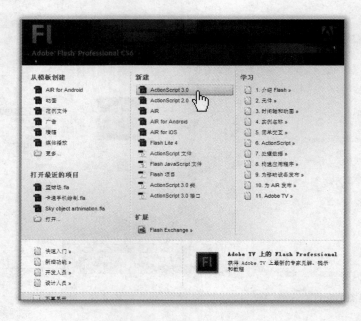

图 4-6 创建 Flash 文档

2）按照相同的方法创建一个图形元件，如图 4-7 所示。

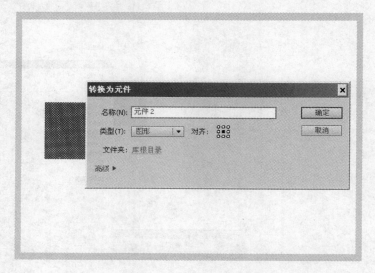

图 4-7 创建图形元件

3）在"时间轴"面板中的第 60 帧插入帧，如图 4-8 所示。

4）在任意一帧的位置上右击，选择"创建补间动画"命令，如图 4-9 所示。

5）把红色播放头移动到第 60 帧的位置，再把图形元件向右移动一段距离，可以看到，在"时间轴"面板中第 60 帧的位置上自动添加了一个关键帧，如图 4-10 所示。

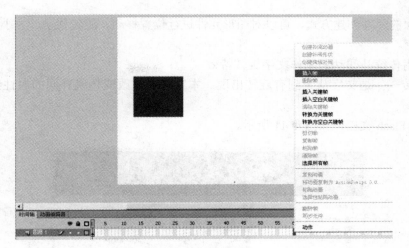

图 4-8 插入帧

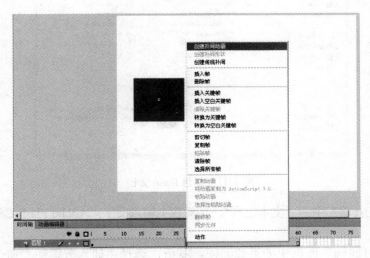

图 4-9 创建补间动画

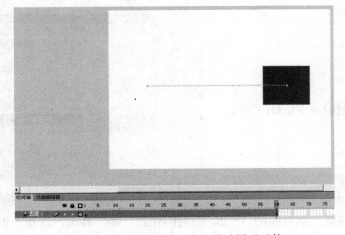

图 4-10 添加关键帧,向右移动图形元件

按照上面的两种创建方式，可以对图形元件进行位置移动、旋转移动、大小移动和颜色透明度的改变。

（3）利用传统补间动画制作文字旋转特效

文字旋转——是文字从无到有旋转出现。本案例通过改变传统补间的属性给文字添加特效。

1）新建 Flash 文档，如图 4-11 所示。

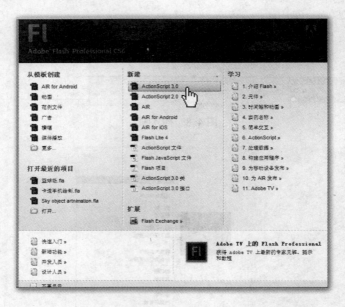

图 4-11　新建 Flash 文档

2）选择"工具箱"中的"文本工具"，在舞台上输入文字"Adobe Flash CS6"，如图 4-12 所示。

3）选中"时间轴"面板中的第 20 帧，右击，选择"插入关键帧"命令，如图 4-13 所示。

图 4-12　输入文字

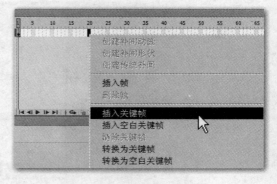

图 4-13　插入关键帧

4）选中"时间轴"面板中的 1～20 帧间的任意一帧，右击，选择"创建传统补间"命令，如图 4-14 所示。

5）选中第 1 帧，选择"工具箱"中的"任意变形工具"，将文字缩小，如图 4-15 所示。

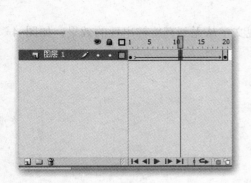

图 4-14　创建传统补间

图 4-15　文字缩小

6）选中第 1 帧，用"选择工具"选中文字，此时在"属性"面板中打开"色彩效果"选项组，选择"样式"下拉列表中的"Alpha"选项，如图 4-16 所示。将"Alpha"参数值调为 0，如图 4-17 所示，第 1 帧的文字就会消失，如图 4-18 所示。

图 4-16　选择"Alpha"选项

图 4-17　"Alpha"参数值调为 0

图 4-18　文字消失

7）选中传统补间上的任意一帧，"属性"面板上会出现相关属性，在"补间"选项组中，选择"旋转"下拉列表中的"顺时针"选项（也可选择其他的选项，尝试不同的效果），如图 4-19 所示。

8）按〈Ctrl+Enter〉组合键测试影片，就会出现文字从无到有旋转出现的效果，如图 4-20 所示。

图 4-19　选择"顺时针"

图 4-20　文字从无到有旋转出现的效果

9）选择"文件"→"保存"菜单命令，保存为"文字旋转"，如图 4-21 所示。

10）旋转的风车，如图 4-22 所示。

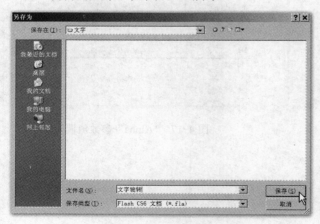

图 4-21　保存文件

图 4-22　旋转的风车

（4）利用传统补间动画制作风车动画

本案例讲述的是传统补间的实际应用。

1）新建 Flash 文档，如图 4-23 所示。

2）在"属性"面板设置舞台的属性，将背景颜色改为灰色（以便与白色区别），如图 4-24 所示。

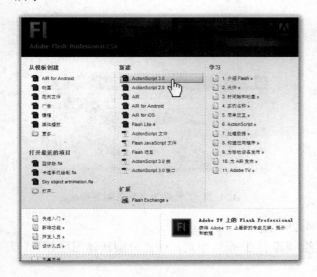

图 4-23　新建 Flash 文档　　　　　　　　　　　图 4-24　将舞台背景改为灰色

3）选择"插入"→"创建新元件"菜单命令，将其命名为"风车"，如图 4-25 所示。

图 4-25　新建元件"风车"

4）进入"风车"元件内部开始绘制风车。选择"椭圆工具""矩形工具"，在"属性"面板设置好颜色，在舞台上绘制风车的支架部分（绘制正圆形要按住〈Shift〉键），如图 4-26 所示。

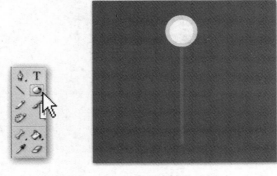

图 4-26　绘制风车的支架部分

5）新建一个图层，命名为"红"，绘制风车页。选择"椭圆工具"，按住〈Shift〉键绘制好一个正圆，用"选择工具"选中一半后删去，如图 4-27 所示。

6）选中剩余的半个圆，右击，选择"转换为元件"命令，弹出"转换为元件"对话框，命名为"红"，如图4-28所示。

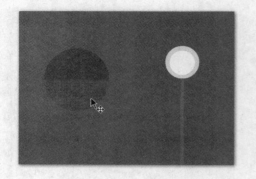

图4-27　绘制风车页"红"

图4-28　"转换为元件"对话框

7）调整好风车页"红"的位置，如图4-29所示。

8）按制作风车页"红"的方法，继续绘制其余3个风车页，注意分别新建图层并且转换为元件，如图4-30所示。

图4-29　调整好风车页"红"的位置

图4-30　制作风车页

9）单击"时间轴"面板中的"将所有图层显示为轮廓"按钮，如图4-31所示。

图4-31　"将所有图层显示为轮廓"按钮

10）将4个风车页的中心点调至中心位置，调整完成后再次单击"时间轴"面板中的"将所有图层显示为轮廓"按钮，如图4-32、图4-33所示。

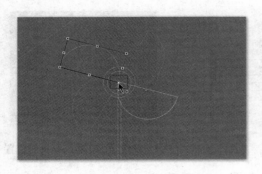

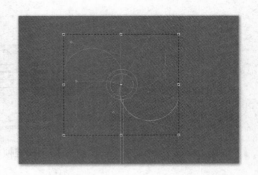

图 4-32 调整中心点   图 4-33 调整中心点完成

11）选中所有图层的第 20 帧，右击，插入关键帧，如图 4-34 所示。

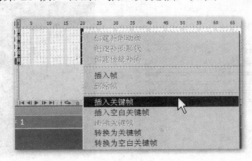

图 4-34 在第 20 帧插入关键帧

12）在第 20 帧上，改变每个风车页的位置（按照顺时针方向），如图 4-35 所示。调整好的效果如图 4-36 所示。

图 4-35 改变风车页位置   图 4-36 第 20 帧各风车页的位置

13）再选中所有图层的第 40 帧，右击，插入关键帧，如图 4-37 所示。再次改变 4 个风车页的位置，如图 4-38 所示。

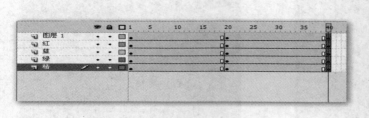

图 4-37　在第 40 帧插入关键帧　　　　　　　图 4-38　第 40 帧风车页的位置

14）在每个风车页的帧之间添加传统补间，如图 4-39 所示。

15）风车制作完成的效果如图 4-40 所示。

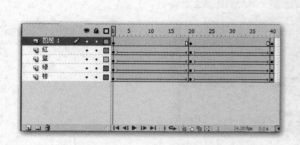

图 4-39　添加传统补间　　　　　　　　图 4-40　风车制作完成效果

16）返回场景中，选择"文件"→"导入"→"导入到库"菜单命令，在弹出的"导入到库"对话框中，选择"风车背景"图片，如图 4-41 所示。

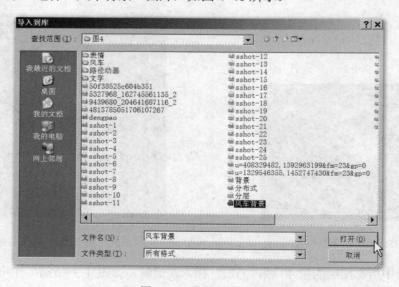

图 4-41　导入背景图片

17）将场景中的"图层 1"重命名为"背景"，新建图层，命名为"风车"，把库中的背景素材和风车元件分别拖入相应的图层中，如图 4-42 所示。

18）用"选择工具"选中风车元件，同时按住〈Alt〉键，复制出两个风车，用"任意变形工具"调整大小和位置，如图 4-43 所示。

图 4-42　场景中导入素材

图 4-43　复制两个风车

19）选中"背景"和"风车"两个图层的第 40 帧，右击，插入关键帧，如图 4-44 所示。

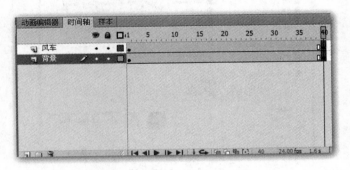

图 4-44　第 40 帧插入关键帧

20）按〈Ctrl+Enter〉组合键测试影片，效果如图 4-45 所示。

21）选择"文件"→"保存"菜单命令，保存为"旋转的风车"，如图 4-46 所示。

图 4-45　最终效果

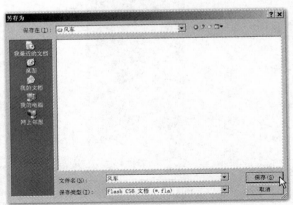

图 4-46　保存文件

4.1.2 影片剪辑元件补间动画

影片剪辑元件和图形元件都有着相同的补间动画制作方式，但在用法上，影片剪辑元件要比图形元件的使用特点多一些，虽然如此，但并不建议一直使用影片剪辑元件补间动画，因其元件特性相对文件较大，如果同一时间段使用多个影片剪辑元件补间动画，则导出动画时会有卡、顿等现象。下面具体介绍影片剪辑元件补间动画。

影片剪辑元件补间动画的建立方式和图形元件补间动画的建立方式相似，建立前需要考虑对应自己的动画短片是否需要此特效的应用，若不是尽量避免使用。

1）建立 Flash 文档，如图 4-47 所示。

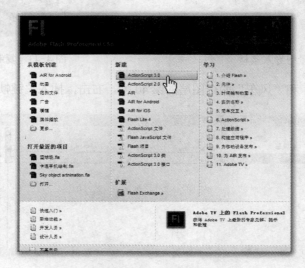

图 4-47　创建文档

2）在舞台上绘制出一个矩形，并右击，将其转换为影片剪辑元件，如图 4-48 所示。

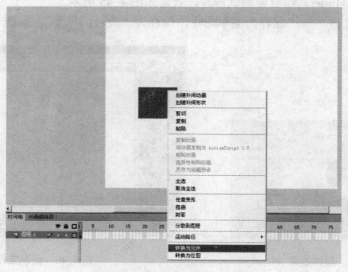

图 4-48　转换为影片剪辑元件

132

3）在第 30 帧的位置插入关键帧，如图 4-49 所示。

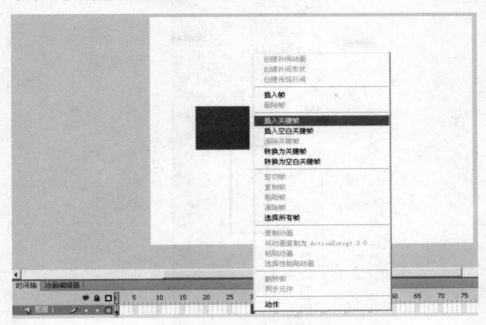

图 4-49　插入关键帧

4）选择其中任意一帧，右击，创建传统补间动画，如图 4-50 所示。

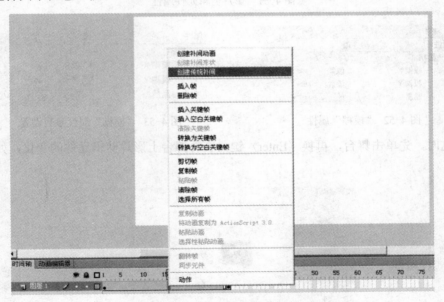

图 4-50　创建传统补间动画

5）选中第 30 帧，然后单击舞台上的影片剪辑元件，查看其"属性"面板左下方，会发现一个翻页的图标，单击此图标会出现可以对影片剪辑元件应用的特效，如图 4-51 所示。

6）选择"模糊"效果，并查看其属性，如图 4-52 所示。

7）设置其属性参数，如图 4-53 所示。

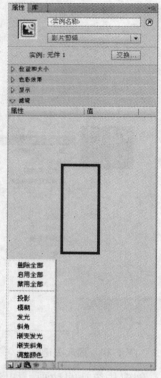

图 4-51 影片剪辑元件属性

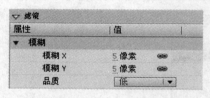

图 4-52 "模糊"属性

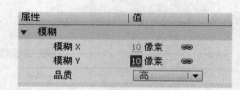

图 4-53 "模糊"属性参数设置

8）这时，先单击舞台，再换〈Enter〉键，查看舞台上影片剪辑元件的变化，如图 4-54 所示。

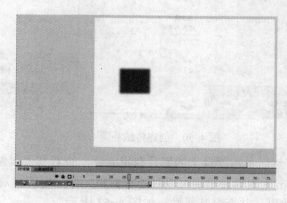

图 4-54 最终效果

通过上面的方法，我们可以发现，影片剪辑元件补间动画可以做和其属性相对应的特效动画，这是一个比较好的特性。不过特效越多、源文件就会越大，一般想要好的效果都会在后期软件中处理，而不是一味地在 Flash 软件中制作完成。

4.2　形状补间

形状补间动画是一种相对简单的补间动画形式，这种简单的补间动画形式在动画制作中起到不小的作用。从文件的大小来说，形状补间要比元件补间动画数据占有的量小得多。形状动画顾名思义就是从一个形状变形到其他形状，同时，还能从一个颜色变换到另外一个颜色，当然也可以把前两项综合一起应用。

形状补间动画是 Flash 动画中非常重要的表现手法之一，运用它，可以制作出各种奇妙的不可思议的变形效果。

4.2.1　形状补间的概念

1．形状补间动画
（1）形状补间动画的概念

在 Flash 的"时间轴"面板上，在一个时间点（关键帧）绘制一个形状，然后在另一个时间点（关键帧）更改该形状或绘制另一个形状，Flash 根据二者之间的帧的值或形状来创建的动画，称为"形状补间动画"。

（2）构成形状补间动画的元素

形状补间动画可以实现两个图形之间颜色、形状、大小、位置的相互变化，其变形的灵活性介于逐帧动画和动作补间动画二者之间，使用的元素多为用鼠标或压感笔绘制出的形状，如果使用图形元件、按钮、文字，则必先"打散"再变形。

（3）形状补间动画在"时间轴"面板上的表现

形状补间动画建好后，"时间轴"面板中帧的背景色变为淡绿色，在起始帧和结束帧之间有一个长长的箭头，如图 4-55 所示。

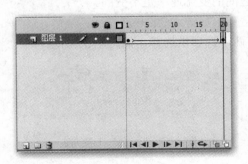

图 4-55　形状补间

（4）创建形状补间动画的方法

在"时间轴"面板上动画开始播放的地方创建或选择一个关键帧，并设置要开始变形的形状，一般一帧中以一个对象为好，在动画结束处创建或选择一个关键帧并设置要变成的形状，再单击开始帧，右键单击选择"创建补间形状"，此时时间轴上的变化如图 4-55 所示，形状补间动画即创建完毕。

2．认识形状补间动画的"属性"面板

Flash 的"属性"面板随鼠标选定的对象不同而发生相应的变化。当用户建立了一个形状补间动画后，单击"时间轴"面板中的某一帧，"属性"面板如图 4-56 所示。

图 4-56 "属性"面板

形状补间动画的"属性"面板上只有两个参数：

（1）"缓动"选项

单击数字 0 后上下拉动滑杆或输入具体的数值，形状补间动画会随之发生相应的变化。

● 在-100 到 1 之间，动画运动的速度从慢到快，朝运动结束的方向加速度补间。
● 在 1 到 100 之间，动画运动的速度从快到慢，朝运动结束的方向减慢补间。

默认情况下，补间帧之间的变化速率是不变的。

（2）"混合"选项

"混合"下拉列表中有两个选项供选择，如图 4-57 所示。

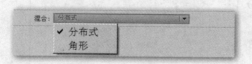

图 4-57 "混合"下拉列表

● "分布式"选项：创建的动画中间形状比较平滑和不规则。
● "角形"选项：创建的动画中间形状会保留明显的角和直线，适合于具有锐化转角和直线的混合形状。

至此，"形状补间动画"的相关知识大家都已经有所了解，下面动手制作一个实例，体会一下形状补间动画的奇妙。

4.2.2 形状补间的运用

1）建立 Flash 文档，选择如图 4-58 所示。

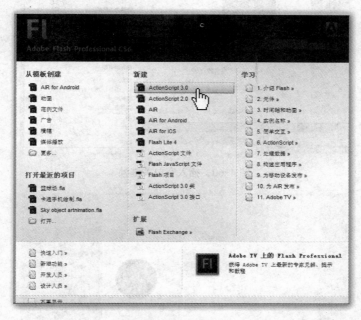

图 4-58 创建文档

2）利用工具栏里的"矩形工具"在舞台上绘制一个矩形，如图 4-59 所示。

图 4-59 创建矩形

3）在第 30 帧的位置右击，插入空白关键帧，如图 4-60 所示。

4）利用"椭圆工具"在该帧对应的舞台上绘制出一个圆形，如图 4-61 所示。

5）选择 1～30 帧之间的任意一帧，右击，选择"创建补间形状"命令，如图 4-62 所示。

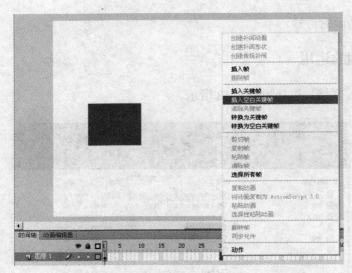

图 4-60　插入空白关键帧

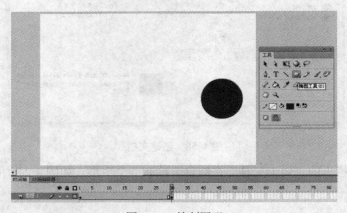

图 4-61　绘制圆形

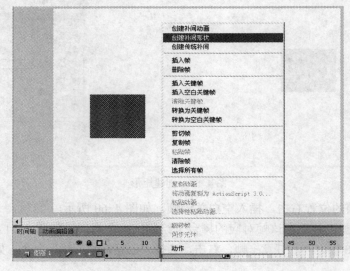

图 4-62　创建补间形状

6）按 F〈Enter〉键，查看变形效果，如图 4-63 所示。

图 4-63　最终效果

上面的方法可以应用到很多形状的变化，这里需要注意，形状补间动画只能适用于一些相对简单的几何图形，不能做复杂的图形变化。更多时候我们利用形状补间来制作的是颜色和透明度的补间动画。

4.2.3　案例：生日快乐

本案例为形状补间运用——生日快乐，如图 4-64 所示。

1）建立 Flash 文档，如图 4-65 所示。

图 4-64　生日快乐案例

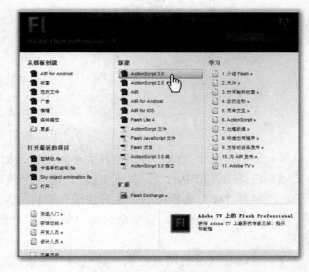

图 4-65　新建文档

2）选择"文件"→"导入"→"导入到库"菜单命令，导入网上收集的"生日快乐" PSD 文件，如图 4-66 所示。

图 4-66　素材导入

3）选择工具箱中的"刷子工具"，在舞台上绘制气球，如图 4-67 所示。

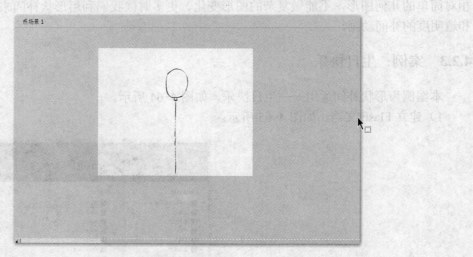

图 4-67　绘制气球

4）复制出 4 个气球，并调整其大小和位置，如图 4-68 所示。

5）选择工具箱中的"颜料桶工具"，给 4 个气球填充颜色（可以按照自己喜欢的颜色填充），同时将"库"面板中的"生日快乐"素材拖入舞台，如图 4-69 所示。

6）新建 4 个图层，分别命名为"紫气球""黄气球""蓝气球""粉气球"，如图 4-70 所示。

7）复制粉气球的填充色到"粉气球"图层。返回"图层 1"（背景图层），选中粉气球的填充色，右击，选择"复制"命令，如图 4-71 所示。

8）选中"粉气球"图层，将粉气球的填充色粘贴到此图层，调整位置与"图层 1"的粉气球位置重合，如图 4-72 所示。

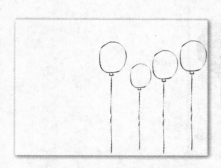

图 4-68　复制 4 个气球

图 4-69　背景绘制

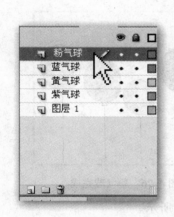

图 4-70　新建图层

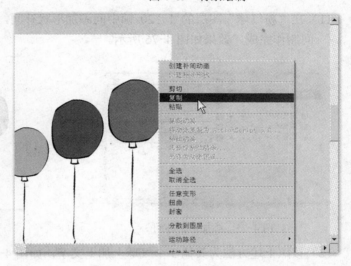

图 4-71　复制粉气球的填充色

9）选中所有图层的第 20 帧，按〈F6〉键插入关键帧，如图 4-73 所示。

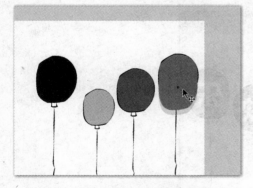

图 4-72　粘贴填充色到"粉气球"图层

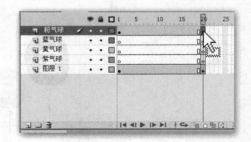

图 4-73　插入关键帧

10）单击"粉气球"图层的第 20 帧，选择工具箱中的"文本工具"，输入"乐"字，单击"选择工具"调整文字的位置到"粉气球"的中心，按〈Ctrl+B〉组合键将文字打散，如图 4-74 所示。

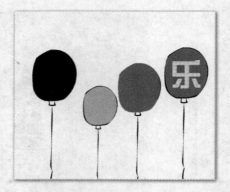

图 4-74　绘制"乐"字

11）在"粉气球"图层的 1～20 帧中间添加形状补间，如图 4-75 所示。气球的形状补间制作完成，效果如图 4-76 所示。

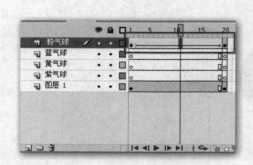

图 4-75　添加形状补间

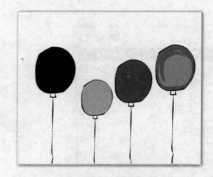

图 4-76　粉气球完成

12）按照上述方法为其他 3 个气球上加上文字，如图 4-77 所示。

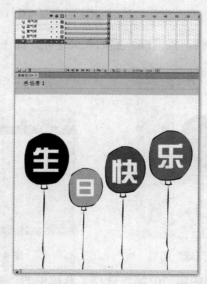

图 4-77　其他 3 个气球上加上文字

13）此时绘制完成，效果如图 4-78、图 4-79、图 4-80 所示。

14）选择"文件"→"保存"菜单命令，保存为"生日快乐"。

图 4-78　第 1 帧

图 4-79　第 15 帧

图 4-80　第 20 帧

4.3　路径动画

　　路径动画实际上是在传统补间动画的基础之上，指定一个运动的路径来完成动画的表现形式。通常在进行补间动画移动时，物体都不能很好地走出曲线效果，而路径动画就能够很好地解决这个问题。路径动画的制作方式需要结合图形元件补间动画的知识点，在这一小节中，所学知识点的综合运用是一个相对重要的环节。

4.3.1　路径动画的概念

1．路径动画定义
　　路径动画就是将一个或多个层链接到一个运动引导层，使一个或多个对象沿同一条路径运动的动画形式，这种动画可以使一个或多个元件完成曲线或不规则运动。
2．创建引导路径动画的方法
（1）创建引导层和被引导层
　　一个最基本的引导路径动画由两个图层组成，上面一层是"引导层"，下面一层是"被引导层"，图标同普通图层一样，如图 4-81 所示。在普通图层上单击"时间轴"面板中的"添加传统运动引导层"按钮，该图层的上面就会添加一个引导层，同时该普通图层缩进成为"被引导层"，如图 4-82、图 4-83 所示。

引导层——————————————被引导层
图 4-81　引导路径动画的两个图层

图 4-82　添加运动引导层

图 4-83　图层显示

（2）引导层和被引导层中的对象

● 引导层是用来指示元件运行路径的，所以"引导层"中的内容可以是用"钢笔工具""铅笔工具""线条工具""椭圆工具""矩形工具"或"画笔工具"等绘制出的线段。

● 而被引导层中的对象是跟着引导线走的，可以使用影片剪辑元件、图形元件、按钮、文字等，但不能应用形状。由于引导线是一种运动轨迹，不难想象，被引导层中最常用的动画形式是动作补间动画，当播放动画时，一个或数个元件将沿着运动路径移动。

（3）向被引导层中添加元件

"引导动画"最基本的操作就是使一个运动动画"附着"在"引导线"上。所以操作时特别得注意"引导线"的两端，被引导的对象起始点、终点的两个"中心点"一定要对准"引导线"的两个端头，如图4-84、4-85所示。

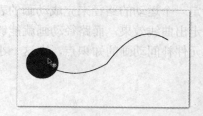

图4-84　对象中心点对准引导线起点

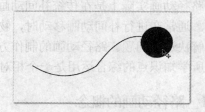

图4-85　对象中心点对准引导线终点

3．应用引导路径动画的技巧

1）被引导层中的对象在被引导运动时，还可做更细致的设置，比如运动方向，选中"属性"面板上的"调整到路径"复选框，对象的基线就会调整到运动路径，如图4-86所示。

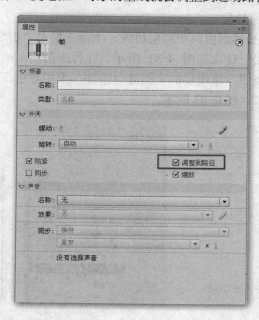

图4-86　调整到路径

2）引导层中的内容在播放时是看不见的，利用这一特点，可以单独定义一个不含"被引导层"的"引导层"，该引导层中可以放置一些文字说明、元件位置参考等，此时，引导层的图标如图4-87所示。

3）在做引导路径动画时，单击工具箱上的"贴紧至对象"功能按钮，如图4-88所示，可以使"对象附着于引导线"的操作更容易成功。

图4-87　引导层　　　　　　　　　　　　　图4-88　"贴紧至对象"功能按钮

4）过于陡峭的引导线可能使引导动画失败，而平滑圆润的线段有利于引导动画的成功制作。

5）将被引导对象的中心对齐场景中的十字星，也有助于引导动画的成功。

6）向被引导层中放入元件时，在动画开始和结束的关键帧上，一定要让元件的注册点对准线段的开始和结束的端点，否则无法引导。如果元件为不规则形，则可以单击工具箱上的"任意变形工具"　，调整中心点。

7）如果想解除引导，则可以把被引导层拖离引导层，或在图层区的引导层上右击，在弹出的快捷菜单中选择"属性"命令，在对话框中选择"一般"单选按钮作为图层类型，如图4-89所示。

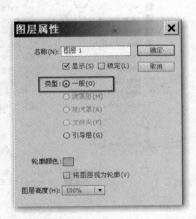

图4-89　选择"一般"单选按钮作为图层类型

8）如果想让对象做圆周运动，则可以在引导层画个圆形线条，再用"橡皮擦工具"擦去一小段，使圆形线段出现两个端点，再把对象的起始、终点分别对准端点即可，如图4-90所示。

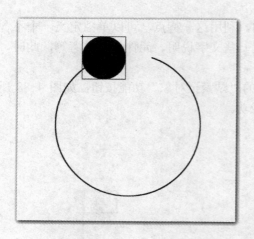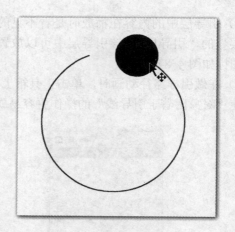

图 4-90　圆周运动

9）引导线允许重叠，比如螺旋状引导线，但在重叠处的线段必须保持圆润，让 Flash 能辨认出线段走向，否则会使引导失败。

4.3.2　路径动画的应用

1）建立 Flash 文档，如图 4-91 所示。

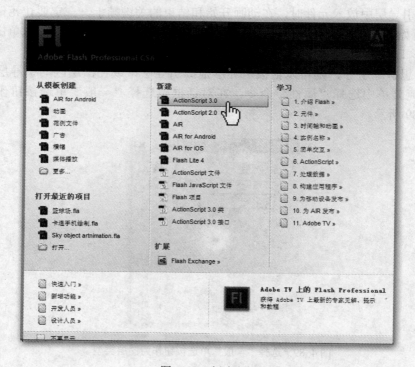

图 4-91　创建文档

2）利用工具箱中的"矩形工具"绘制出一个矩形，并转换为图形元件，如图 4-92 所示。

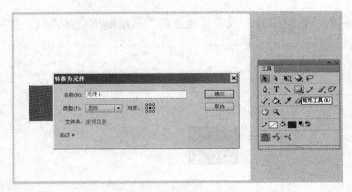

图 4-92 创建图形元件

3）创建完元件后，在"时间轴"面板中第 30 帧的位置右击，插入关键帧，并创建传统补间动画，如图 4-93 所示。

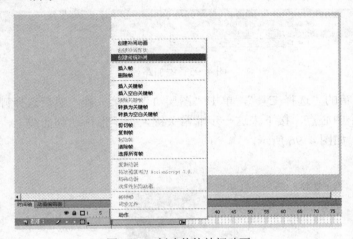

图 4-93 创建传统补间动画

4）把鼠标移至"时间轴"面板中的图层上，然后右击，选择"添加传统运动引导层"命令如图 4-94 所示。

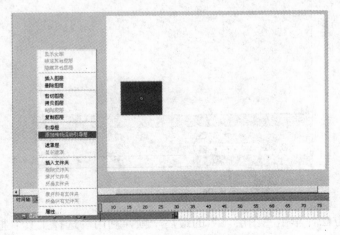

图 4-94 添加传统运动引导层

5）利用工具箱的"铅笔工具"或者其他绘图工具绘制出一条曲线，如图4-95所示。

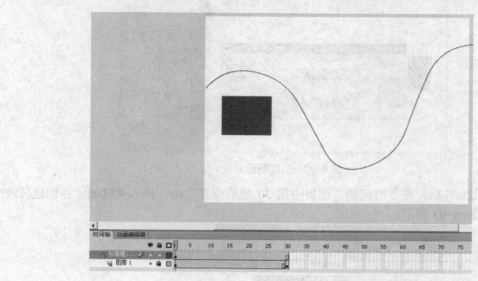

图4-95　添加路径

6）选择工具箱的"选择工具"，单击"图层1"的第一帧，然后选择舞台上的矩形，可以发现矩形中有个中心点，接下来这一步非常关键，把矩形移动到曲线上，让矩形的中心在曲线的端点之上，如图4-96所示。

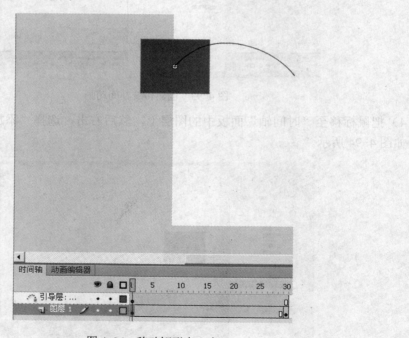

图4-96　移动矩形中心点

7）用同样的方法，单击"图层1"的最后一帧，利用"选择工具"把矩形中心点移至路径上的另一个端点，如图4-97所示。

148

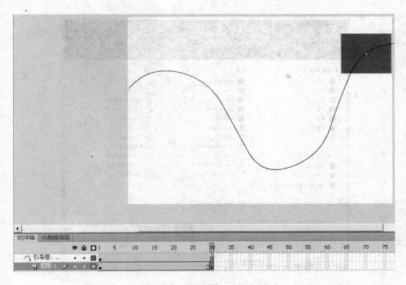

图 4-97　移动矩形中心点

8）现在按下键盘上的〈Ctrl+Enter〉组合键，就可以预览整个动画效果了。

4.3.3　案例："行驶的汽车"路径动画

本案例制作路径动画——行驶的汽车，如图 4-98 所示。

本案例主要讲解的是结合运用曲线路径和素材元件补间动画，简单地将路径动画运用起来，激发读者的想象力。

图 4-98　行驶的汽车动画

1）建立 Flash 文档，如图 4-99 所示。

2）选择"文件"→"导入"→"导入到库"菜单命令，导入网上收集的"背景"图片和"汽车"PSD 文件，如图 4-100 所示。

3）将"图层 1"重命名为"背景"，拖入背景图片，新建一个图层，命名为"汽车"，拖入汽车素材，如图 4-101 所示。

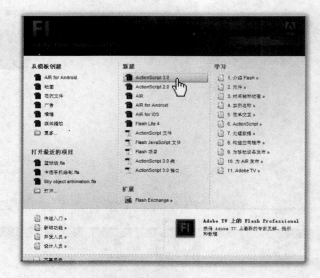

图 4-99   建立 Flash 文档

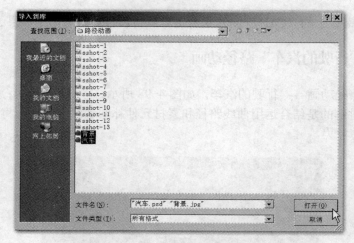

图 4-100   导入素材

图 4-101   将素材拖入到舞台中

4）给汽车添加引导层。选择"汽车"图层，右击，选择"添加传统运动引导层"命令，如图 4-102 所示。

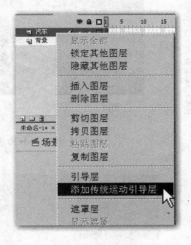

图 4-102　添加运动引导层

5）绘制引导线。先隐藏汽车素材，选择"引导层"图层，单击工具箱中的"线条工具"（或"铅笔工具"等），按照背景马路的曲线绘制引导线，如图 4-103 所示。

6）选择所有图层的第 20 帧，按〈F6〉键插入关键帧，如图 4-104 所示。

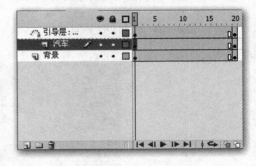

图 4-103　画引导线　　　　　　　　　　　　图 4-104　插入关键帧

7）选择"汽车"图层的第 1 帧，用"任意变形工具"将汽车缩小一些（为了呈现汽车近大远小的效果），将汽车素材的中心点与引导线的起点对准，效果如图 4-105 所示。

8）选择"汽车"图层的第 20 帧，用"任意变形工具"将汽车放大一些（为了呈现汽车近大远小的效果），将汽车素材的中心点与引导线的起点对准，效果如图 4-106 所示。

9）添加传统补间。在"汽车"图层的帧之间右击，选择"添加传统补间"命令，如图 4-107 所示。

10）此时汽车就可以沿着引导线运动了，如图 4-108 所示。

11）测试影片时，引导线就会自动隐藏，按〈Ctrl+Enter〉组合键测试，行驶的汽车效果完成，如图 4-109 所示。

12）选择"文件"→"保存"菜单命令，保存为"行驶的汽车"。

图 4-105　第 1 帧效果

图 4-106　第 20 帧效果

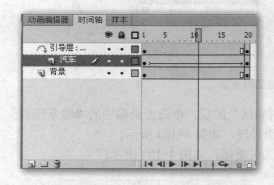

图 4-107　添加传统补间

图 4-108　汽车沿着引导线运动

图 4-109　测试效果

4.3.4　案例：飞机路径动画

飞机路径动画案例是把路径动画和图形元件补间动画结合，这个案例中，没有复杂的知识点，但是要想设计出视觉效果突出的镜头，往往这些简单的知识点罗列在一起便会形成。下面这个案例所设计的是一架飞机绕圈飞行的动画。

1）建立 Flash 文档，如图 4-110 所示。

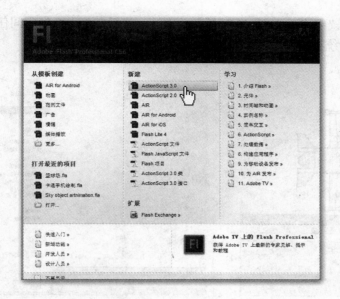

图 4-110　创建文档

2）在"图层 1"创建一个正圆作为引导的路径。用"椭圆工具"按住〈Shift〉键绘制一个正圆，注意不要填充颜色，只要边框，如图 4-111 所示。

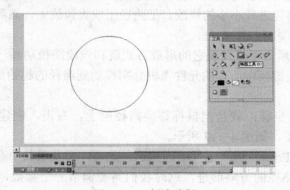

图 4-111　创建路径

3）利用工具箱中的"线条工具"或"钢笔工具"绘制一架属于自己的飞机样式，如图 4-112 所示。

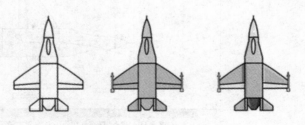

图 4-112　设计飞机

4）把画好的飞机部件全选，右击，将其转换为图形元件，如图 4-113 所示。

5）在"时间轴"面板中的第 60 帧插入关键帧，然后在 1～60 帧中间任意一帧右击，选择"创建传统补间"命令，如图 4-114 所示。

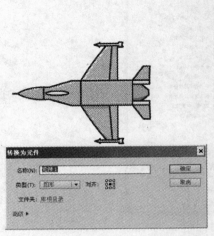

图 4-113　转换为图形元件

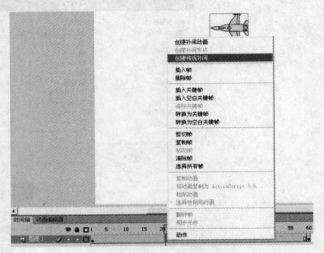

图 4-114　创建传统补间动画

6）这时，按照路径动画的知识点来分析，下一步应该把补间动画的两个端点位置的元件分别移动至路径的起始点和终点，而目前这个路径为封闭路径，不能够完成前边的操作。所以需要对路径层的路径进行小小的修改。把路径用放大镜放大，然后选择最小的一部分并删除，如图 4-115 所示。

7）上一步骤完成后，不难发现它的形成方式就和线段路径动画一样了。这时分别把飞机元件动画层的两个关键帧中所在的元件飞机分别移动到路径的起始点和终点，如图 4-116 所示。

8）最重要的一个步骤，就是把鼠标移至路径层上，右击，创建为引导层，然后按住"图层 1"向上拖动一下，如图 4-117 所示。

9）按键盘上的〈Enter〉键，进行动画预览。此时，可发现其中有一些问题出现，飞机头部没有很好地按照路径的方向前进，这时我们需要调节一个参数，单击补间动画图层里1～60 帧中任意一帧，然后查看其对应的属性。在"属性"面板的"补间"选项组中，选中"调整到路径"复选框，如图 4-118 所示。

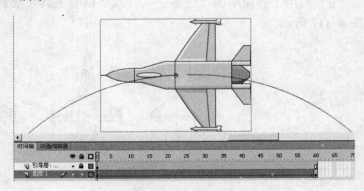

图 4-115　删除路径线段

图 4-116　调节中心点

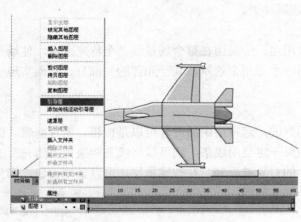

图 4-117　转为引导层

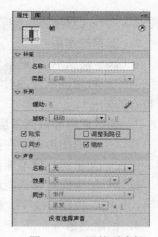

图 4-118　调整到路径

10）最后再一次进行动画预览，查看动画效果，如图 4-119 所示。

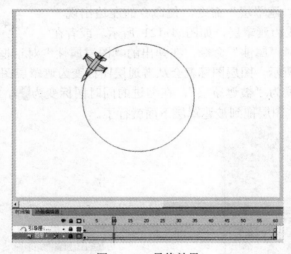

图 4-119　最终效果

4.4　遮罩动画

遮罩动画是 Flash 动画中的一种特殊动画，它的用途有很多。比如制作字体的显现、玻璃镜面的光效动画等。从知识点的层面来说，本小节的知识点需要把形状补间动画和遮罩的知识点结合在一起。

4.4.1　遮罩动画的概念

1. 遮罩动画的定义

遮罩动画是 Flash 中的一个很重要的动画类型，很多效果丰富的动画都是通过遮罩动画来完成的。在 Flash 的图层中有一个遮罩图层类型，为了得到特殊的显示效果，可以在遮罩层上创建一个任意形状的"视窗"，遮罩层下方的对象可以通过该"视窗"显示出来，而

"视窗"之外的对象将不会显示，此即为遮罩动画。

2．遮罩的作用

在Flash动画中，"遮罩"主要有两种用途，一是用在整个场景或一个特定区域，使场景外的对象或特定区域外的对象不可见；另一个是用来遮罩住某一元件的一部分，从而实现一些特殊的效果。

3．构成遮罩和被遮罩层的元素

遮罩层中的图形对象在播放时是看不到的，遮罩层中的内容可以是按钮、影片剪辑、图形、位图、文字等，但不能使用线条，如果一定要用线条，则可以将线条转换为"填充"。

被遮罩层中的对象只能透过遮罩层中的对象被看到。在被遮罩层，可以使用按钮、影片剪辑、图形、位图、文字、线条，如图4-120所示。

4．创建遮罩

在 Flash 中没有一个专门的按钮来创建遮罩层，遮罩层其实是由普通图层转换来的。只要在某个图层上右击，在弹出的快捷菜单中选择"遮罩层"命令，使命令的左边出现一个对钩，该图层就会成为遮罩层，如图 4-121 所示。或者在

图4-120　遮罩和被遮罩层

某个图层上右击，选择"属性"命令，在弹出的"图层属性"对话框中选择"遮罩层"单选按钮，如图 4-122 所示。图层图标就会从普通图层图标变为遮罩层图标　，系统会自动把遮罩层下面的一层关联为"被遮罩层"，在缩进的同时图标变为　，如果想关联更多图层被遮罩，则只要把这些图层拖到被遮罩层下面就行了。

图4-121　选择"遮罩层"命令

图4-122　改变图层属性

5．遮罩中可以使用的动画形式

可以在遮罩层、被遮罩层中分别或同时使用形状补间动画、动作补间动画、引导线动画等动画手段，从而使遮罩动画变成一个可以施展无限想象力的创作空间。

6．应用遮罩时的技巧

遮罩层的基本原理是：能够透过该图层中的对象看到被遮罩层中的对象及其属性（包

括它们的变形效果），但是遮罩层中的对象中的许多属性如渐变色、透明度、颜色和线条样式等却是被忽略的。比如，我们不能通过遮罩层的渐变色来实现被遮罩层的渐变色变化。

应用遮罩时注意以下几点：

- 要在场景中显示遮罩效果，可以锁定遮罩层和被遮罩层。
- 可以用"Actions"动作语句建立遮罩，但这种情况下只能有一个被遮罩层，同时，不能设置_Alpha 属性。
- 不能用一个遮罩层试图遮蔽另一个遮罩层。
- 遮罩可以应用在 GIF 动画上。
- 在制作过程中，遮罩层经常挡住下面图层的元件，影响视线，无法编辑，可以单击遮罩层"时间轴"面板的"显示图层轮廓"按钮，使遮罩层只显示边框形状，在这种情况下，还可以拖动边框调整遮罩图形的外形和位置。
- 在被遮罩层中不能放置动态文本。

4.4.2　遮罩动画操作

下面来学习一下遮罩动画的相关知识，同时需要注意形状补间动画的制作方法。

1）建立 Flash 文档，选择如图 4-123 所示的模式。

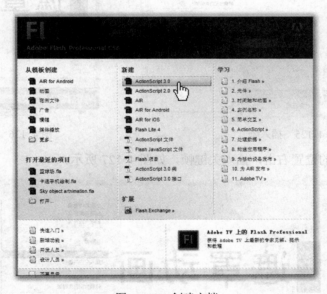

图 4-123　创建文档

2）建立 Flash 文档，选择工具箱中的"文本工具"，在舞台上输入一些文字，如图 4-124 所示。

3）在图层的第 40 帧的位置右击，插入帧。这么做的原因是让制作的动画时间有 40 帧的长度，如图 4-125 所示。

4）新建"图层 2"，利用工具箱中的"矩形工具"绘制出一个矩形，然后把这个矩形的位置移至字的前端，如图 4-126 所示。

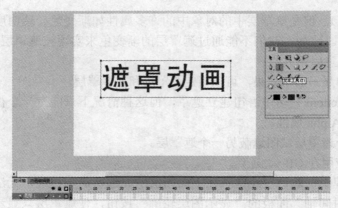

图 4-124　创建文本

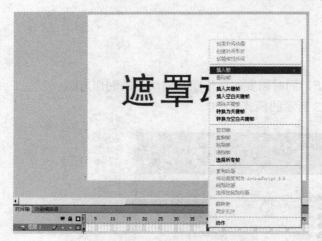

图 4-125　插入帧

图 4-126　绘制遮罩

5）在第 40 帧的位置右击，插入关键帧，如图 4-127 所示。

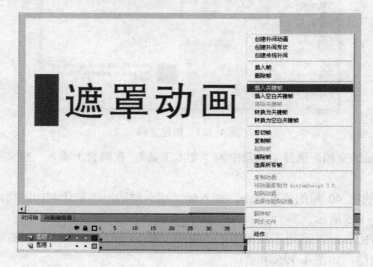

图 4-127　插入关键帧

6）通过工具箱中的"任意变形工具"把在这帧上的矩形拉长，使矩形能够把整个文字都遮挡住，如图 4-128 所示。

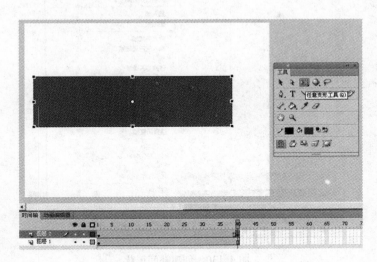

图 4-128　调节遮罩面积

7）把鼠标移至"图层 2"，右击，选择"遮罩层"命令，把"图层 2"直接转换为遮罩层，如图 4-129 所示。

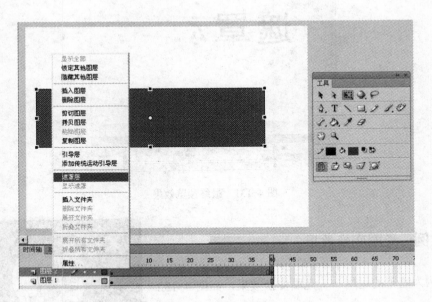

图 4-129　转换遮罩层

8）选择 1～40 帧中的任意一帧右击，选择"创建补间形状"命令，如图 4-130 所示。

9）按键盘上的〈Enter〉键，查看预览效果，如图 4-131 所示。

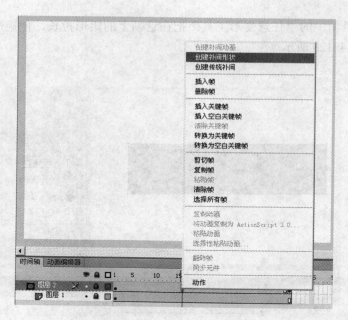

图 4-130　创建补间形状

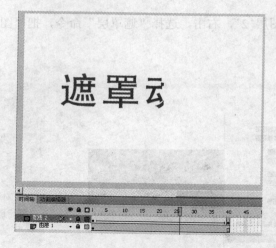

图 4-131　最终预览效果

4.4.3　案例：光圈变换效果

本案例为遮罩的运用——光圈变换效果，如图 4-132
所示。

在卡通动画片的结尾常常会有这种光圈变换效果，
通过这一案例可以更好地把形状补间动画和遮罩的知识
点结合在一起，强化遮罩动画的运用。

1）建立 Flash 文档，选择如图 4-133 所示的模式。

图 4-132　光圈变换效果

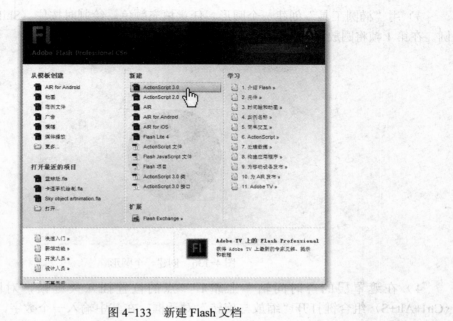

图 4-133 新建 Flash 文档

2）选择"文件"→"导入"→"导入到库"菜单命令，导入网上收集的图片"唐老鸭"，如图 4-133、图 4-134 所示。

图 4-134 "导入到库"对话框

图 4-135 图片在"库"面板中显示

3）用"椭圆工具"创建一个圆形。任意填充颜色，绘制时按住〈Shift〉键使它成为正圆。在第 1 帧将圆放大覆盖整个舞台，如图 4-136 所示。

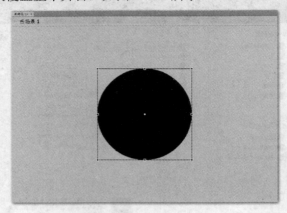

图 4-136　创建一个圆形

4）在遮罩层的"时间轴"上靠后一点的位置插入关键帧，对圆进行缩放，用〈Ctrl+Alt+S〉组合键打开"缩放与旋转"对话框，在其中输入一个数字，单击"确定"按钮，如图 4-137 所示。

5）转换这个形状为轮廓线（在图层名称那一栏右击，选择"属性"命令，然后在弹出的"图层属性"对话框中选中"将图层视为轮廓"复选框，如图 4-138 所示。），这样可以在它下面看到舞台，如图 4-139 所示。

图 4-137　"缩放与旋转"对话框

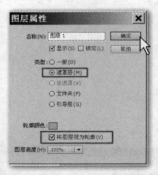

图 4-138　"图层属性"对话框

图 4-139　转换形状为轮廓线

6）右击任意一帧，创建补间形状动画，这样这个圆从大到小覆盖整个舞台，如图 4-140 所示。

7）增加一个新的图层并拖动它成为遮罩层，这样它就被连接成了被遮罩层。在这一图层中拖入"唐老鸭"图片（所显示的内容），如图 4-141 所示。

图 4-140　添加一个补间形状

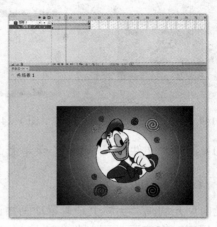

图 4-141　拖入"唐老鸭"图片

8）在所有图层的下面创建新图层（不是被遮罩层），然后画一个黑色的矩形，尺寸和舞台一样，如图 4-142、图 4-143 所示。

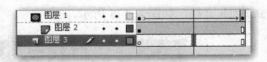

图 4-142　新建"图层 3"，"类型"为"一般"

图 4-143　画一个黑色的矩形

9）此时已经用一个动画遮罩创建了一个光圈效果。在最后一个关键帧，定位圆在角色的眼睛上，如图 4-144 所示。当动画播放时，圆将向眼睛上运动，这种方法常常被使用在各个卡通动画中的典型技巧。效果如图 4-145、图 4-146 所示。

图 4-144　定位圆在角色的眼睛上　　　图 4-145　最终图层显示　　　图 4-146　最终效果

10）选择"文件"→"保存"菜单命令，保存为"光圈变换效果"。

4.4.4　案例：镜面反光动画

镜面反光动画，实际上是遮罩动画知识点的延伸和拓展，通过这个案例的学习，以后可以举一反三，在实际动画制作中延伸到很多方面，例如眼镜、车窗等具有反光性质的物质上。本小节案例制作的是一个相框镜面的扫光效果，视觉上给人一种玻璃亮闪的效果，如图 4-147 所示。

图 4-147　镜面反光

1）建立 Flash 文档，如图 4-148 所示。

图 4-148　创建文档

2）先把图层重命名为"背景"。在"背景"图层中，使用"矩形工具"在舞台中绘制一个和舞台大小相等的矩形，矩形颜色填充"灰色"或其他深颜色即可，如图 4-149 所示。

3）新建图层，在新建图层里利用"矩形工具"绘制一个相框，参考如图 4-150 所示。

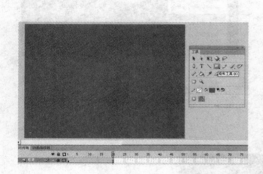

图 4-149　创建"背景"图层

图 4-150　绘制相框

4）建立新图层，将图层重命名为"光泽"。利用"矩形工具"绘制 3 个长方形，并把长方形的透明度值设为 60％，并转换为图形元件。如图 4-151 所示。

5）在"光泽"图层的第 20 帧插入一个关键帧，在第 1～20 帧上面创建补间运动动画，并且调整第 1 帧与第 20 帧光泽的位置，如图 4-152 所示。

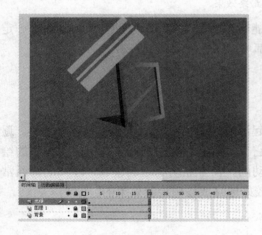

图 4-151　绘制光泽

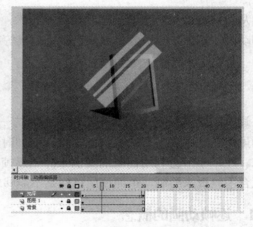

图 4-152　光泽补间动画

6）在"光泽"图层的上面建立遮罩层，在遮罩层沿着镜面的边缘画一个矩形，如图 4-153 所示。

7）在要用作遮罩层的图层上右击，选择"遮罩层"命令，将一般图层转换为遮罩层。如图 4-154 所示。

8）按键盘上的〈Enter〉键进行预览，如果发现没有出现效果，请注意把遮罩层锁定。如图 4-155 所示。

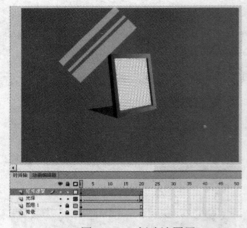
图 4-153　创建遮罩层

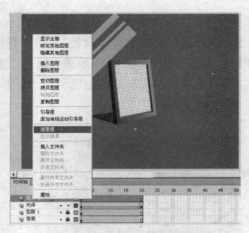
图 4-154　转换遮罩层

图 4-155　最终效果

从最终的效果可以看出，利用这种技术，能够在一定的具有反光的介质上创建有一定光泽的动画，例如二维版的钢铁侠盔甲等效果等都可以用光泽动画来表示。

4.5　逐帧动画

逐帧动画是指把逐个的动作图片连接在一起形成的动画形式，从专业的角度来说，逐帧动画虽然在动画表现形式上细腻丰富，但同时它也对绘制逐帧动画制作者提出了较高的绘画要求。在本小节会利用简单的案例来介绍逐帧动画。在专业动画绘制领域，逐帧动画通常都会配合手绘板来绘制，单纯使用鼠标是不能够较好地完成逐帧绘制效果的。

4.5.1　逐帧动画的概念

1．逐帧动画定义

将动画中的每一帧都设置为关键帧，在每一个关键帧中创建不同的内容，就成为逐帧动画。逐帧动画是指动画的每一帧的内容都是由一幅绘制的图像组成的。

2．原理

将对象的运动过程分解成多个静态图形，再将这些连续的静态图形置于连续的关键帧中，就构成了逐帧动画。

3．创建逐帧动画的方法

● 用导入的静态图片建立逐帧动画。

- 将 JPG、PNG 等格式的静态图片连续导入 Flash 中，就会建立一段逐帧动画。
- 绘制矢量逐帧动画，用鼠标或压感笔在场景中一帧帧地画出帧内容。
- 文字逐帧动画，用文字作为帧中的元件，实现文字跳跃、旋转等特效。
- 导入序列图像。

4.5.2 逐帧动画的应用

一般情况下，逐帧动画就是逐个一张一张来画。但是按照动画运动绘制技法来讲，逐帧动画是需要先有原画，再在原画之间一张一张地来加动画动作。

本小节通过简单的案例，介绍逐帧动画的具体应用。本案例是绘制一个正在生长的幻苗，下面讲解具体操作步骤，参考图如图 4-156 所示。

图 4-156 参考图

1）建立 Flash 文档，如图 4-157 所示。

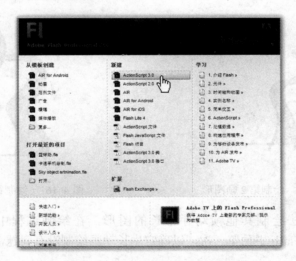

图 4-157 创建文档

2）在工具箱中选择笔刷工具，利用"笔刷工具"绘制出一个嫩芽的样子。直接在舞台上进行绘制，如图 4-158 所示。

图 4-158 参考图

3）单击第2帧，在第2帧的位置右击，插入空白关键帧，如图 4-159 所示。

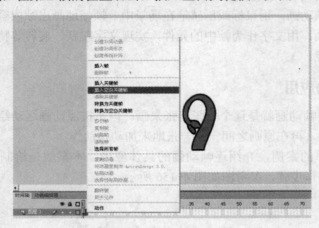

图 4-159　插入空白关键帧

4）在第 2 帧绘制幼芽图形时，幼芽的根部要和第 1 帧的根部对齐，使用辅助线对齐每帧的图形位置，如图 4-160 所示。

5）按照同样方法在第 3 帧建立空白关键帧，对照第 2 帧幼芽轮廓绘制第 3 帧的幼芽，如图 4-161 所示。

图 4-160　绘制第 2 帧图形　　　　　　　图 4-161　绘制第 3 帧图形

6）使用相同方法绘制其他帧幼芽生长的图形，在绘制过程中，每绘制完一帧按〈Enter〉键在 Flash 中预览一次，以确定生长动画绘制没有问题，如图 4-162 所示。

图 4-162　最后一帧的效果

逐帧动画是一个比较灵活的动画制作方式，它可以根据动画设计者的需要设计出不同种类、风格的动画效果。时至今日，国内外都有很多动画爱好者在利用 Flash 软件制作风格各异的动画短片。

📖 如果想要制作出色的动画逐帧效果，则必须要掌握较好的美术功底和对 Flash 软件的理解。

4.5.3 案例：空中飞行的鸟

本案例制作逐帧动画——空中飞行的鸟，如图 4-163 所示。

1）首先收集有关鸟飞行的运动规律作为参考，进行动作的分析，如图 4-164 所示。

图 4-163　空中飞行的鸟　　　　　　　　图 4-164　参考图

2）建立 Flash 文档，如图 4-165 所示。

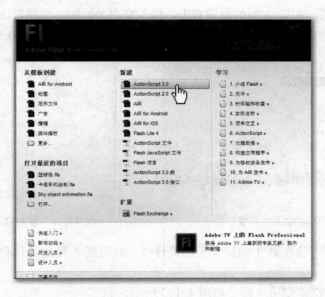

图 4-165　建立 Flash 文档

3）新建鸟的图形元件。选择"插入"→"新建元件"菜单命令，如图 4-166 所示。在"新建元件"对话框中命名为"鸟"，如图 4-167 所示。

图 4-166 "新建元件"命令

图 4-167 "创建新元件"对话框

4）进入元件内部开始绘制动作。选中第 1 帧，用工具箱中的"线条工具"，绘制鸟的外形，用工具箱中的"颜料桶工具"填充颜色，如图 4-168 所示。

5）第 1 帧中的图形绘制完成后，效果如图 4-169 所示。

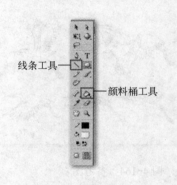

图 4-168 绘图工具

图 4-169 第 1 帧动作

6）单击第 2 帧，在第 2 帧的位置右击，插入空白关键帧。绘制第 2 帧的动作，为了以第 1 帧的动作为参考，单击"绘图纸外观"按钮，如图 4-170、图 4-171 所示。

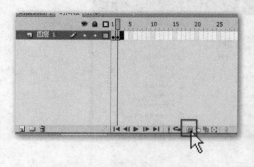

图 4-170 "绘图纸外观"按钮

图 4-171 绘制第 2 帧动作

7）按照同样的方法在第 3 帧建立空白关键帧，对照第 2 帧的动作和第 3 帧的动作，如图 4-172 所示。

8）使用同样方法绘制第 4 帧，如图 4-173 所示。

9）在时间轴上，选中绘制好的 4 帧动作右击，选择"复制帧"命令，然后多次粘贴帧，达到动作循环的效果，如图 4-174 所示。

图 4-172　绘制第 3 帧动作　　　　　　　　图 4-173　绘制第 4 帧动作

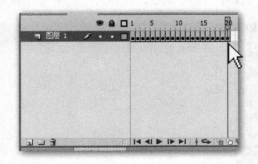

图 4-174　复制帧

10）鸟的元件制作完成，返回场景中，选择"文件"→"导入"→"导入到库"菜单命令，导入"天空"图片，如图 4-175 所示。

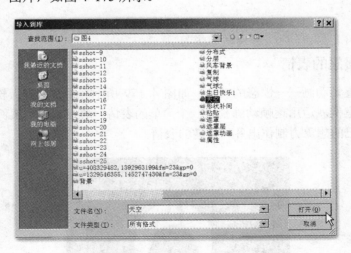

图 4-175　导入图片素材

11）将场景中的"图层 1"重命名为"天空"，新建一个图层，命名为"鸟"，从"库"面板中拖入"天空"图片和"鸟"元件，分别放入相对应的图层，如图 4-176 所示。

12）绘制完成，按〈Ctrl+Enter〉组合键测试影片，效果如图 4-177 所示。

图 4-176　场景图层　　　　　　　　　　　　图 4-177　最终效果

13）选择"文件"→"保存"菜单命令，保存为"空中飞行的鸟"，如图 4-178 所示。

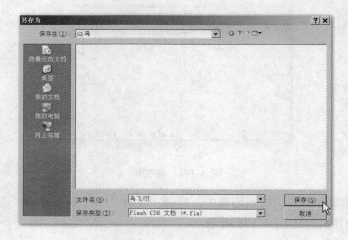

图 4-178　保存文件

4.5.4　案例：愤怒的表情

本案例制作逐帧动画——愤怒的表情，如图 4-179 所示。平常在聊天软件中总能看到许多表情动画，本案例就运用逐帧动画制作一个简单的表情。通过掌握本案例，读者可以在此基础上，发挥自己的想象力制作出各种有趣的表情。

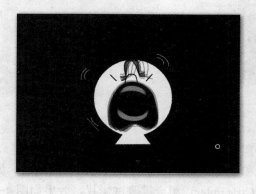

图 4-179　愤怒的表情

1）建立 Flash 文档，如图 4-180 所示。

2）在"属性"面板中设置相关属性，将背景颜色改为黑色，如图 4-181 所示。

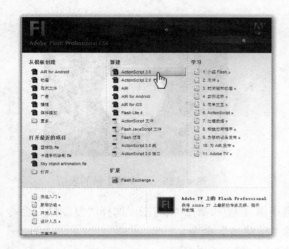

图 4-180　建立 Flash 文档

图 4-181　设置背景属性

3）选择工具箱中的"线条工具"，绘制第 1 帧中的表情，用"颜料桶工具"填充颜色，如图 4-182 所示。

图 4-182　绘制第 1 帧的表情

4）单击第 2 帧，在第 2 帧的位置右击，选择"插入空白关键帧"命令，如图 4-183 所示。

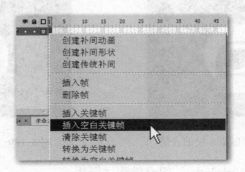

图 4-183　插入空白关键帧

5）单击"时间轴"面板下方的"绘图纸外观"按钮，如图 4-184 所示。对照第 1 帧，绘制第 2 帧的表情，如图 4-185 所示。

图 4-184　绘图纸外观

图 4-185　绘制第 2 帧的表情

6）为增加表情效果重复前两帧表情，选中第 1 帧和第 2 帧右击，选择"复制帧"命令，如图 4-186 所示。然后在第 3 帧右击，选择"粘贴帧"命令。

7）选中第 5 帧，插入关键帧，绘制表情，如图 4-187 所示。

图 4-186　复制帧

图 4-187　绘制第 5 帧的表情

8）按上述方法，绘制第 6 帧和第 7 帧的表情，如图 4-188、图 4-189 所示。

图 4-188　绘制第 6 帧的表情

图 4-189　绘制第 7 帧的表情

9）绘制完成后，按〈Ctrl+Enter〉组合键测试影片

10）选择"文件"→"保存"菜单命令，保存为"愤怒的表情"。

4.6 交互动画

交互动画是指在动画作品播放时支持事件响应和交互功能的一种动画，也就是说，动画播放时可以接受某种控制。这种控制可以是动画播放者的某种操作，也可以是在动画制作时预先准备的操作。这种交互性提供了观众参与和控制动画播放内容的手段，使观众由被动接受变为主动选择。最典型的交互式动画就是 Flash 动画。观看者可以用鼠标或键盘对动画的播放进行控制，它是通过按钮元件和动作脚本语言 ActionScript 实现的。

4.6.1 动画脚本

动画脚本是 Flash 具有强大交互功能的灵魂所在。它是一种编程语言，Flash CS6 有两种版本的动作脚本语言，分别是 ActionScript 2.0 和 ActionScript 3.0，动画之所以具有交互性，是通过对按钮、关键帧和影片剪辑设置移动的"动作"来实现的，所谓"动作"指的是一套命令语句，当某事件发生或某条件成立时，就会发出命令来执行设置的动作。选择"窗口"→"动作"菜单命令（快捷键〈F9〉），可以调出"动作"面板，如图 4-190 所示。

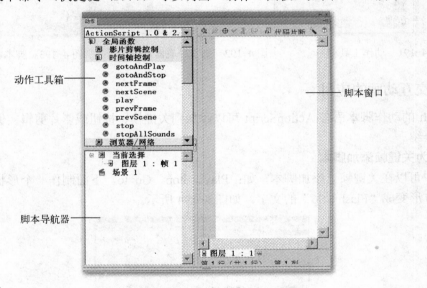

图 4-190 "动作"面板

1．动作工具箱

动作工具箱是浏览 ActionScript 语言元素（函数、类、类型等）的分类列表，包括全局函数、全局属性、运算符、语句、ActionScript 2.0 类、编译器指令、常数、类型、否决的、数据组件、组件、屏幕和索引等，单击它们可以展开相关内容。双击要添加的动作脚本，即可将它们添加到右侧的脚本窗口中，如图 4-191 所示。

2．脚本导航器

脚本导航器用于显示包括脚本的 Flash 元素（影片剪辑、帧和按钮）的分层列表。使用脚本导航器可在 Flash 文档中的各个脚本之间快速移动。如果单击脚本导航器中的某一项目，则与该项目相关联的脚本将显示在脚本窗口中，并且播放头将移动到时间轴上的相关位置。如果双击脚本导航器中的某一项，则该脚本将被固定（就地锁定）。可以通过单击每个选项卡在脚本间移动，如图 4-192 所示。

3．脚本窗口

脚本窗口用来输入动作语句，除了可以在动作工具箱中通过双击语句的方式，在脚本窗口中添加动作脚本外，还可以在这里直接用键盘输入，如图 4-193 所示。

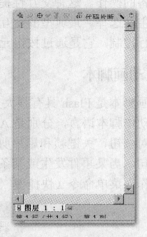

图 4-191　动作工具箱　　　　图 4-192　脚本导航器　　　　图 4-193　脚本窗口

4.6.2　交互动画的应用

Flash 的动作脚本语言 ActionScript 可以添加到关键帧、按钮或影片剪辑实例上，下面分别进行介绍。

1．为关键帧添加脚本

用户可以在关键帧上添加脚本，如：Play、Stop、Go to。下面制作一个形状补间动画，由一个方形变成"Flash CS6"的文字，如图 4-194 所示。

图 4-194　制作一个形状补间动画

（1）停止动画

选择第 20 帧，依次展开"动作"面板中的"全局函数"→"时间轴控制"，双击

"stop"函数，为第20帧添加停止动作，如图4-195所示。

此时，在第20帧上显示一个符号"α"，当动画播放到20帧时停止播放，如图4-196所示。

图4-195 stop 函数

图4-196 符号"α"

要想让动画停在其他帧上，可以在要停止的位置上插入关键帧，然后，用上面的方法添加停止动作。

（2）循环播放

通过函数还可以制作动画播放到结尾再跳转到第1帧循环播放的效果。方法：选中第20帧，打开"动作"面板，删除动作脚本"stop"，依次展开"动作"面板中的"全局函数"→"时间轴控制"，双击"gotoAndPlay"函数，再在右侧的括号中输入1，如图4-197所示。该段脚本表示当动画播放到结尾时，自动跳转到第1帧继续播放。

（3）转到影片指定帧

如果想要动画播放到最后一帧（第20帧）时不从头开始播放，而是在10帧～20帧之间循环播放，则可以进行如下操作：

1）选中第20帧，依次展开动作面板中的"全局函数"→"时间轴控制"，双击"gotoAndPlay"函数，为第20帧添加转移动作。

2）在"动作"面板中将帧号改为10，如图4-198所示。

图4-197 循环播放

图4-198 从第10帧开始播放

（4）制作动画播放到结尾再跳转到第 1 帧并停止播放的效果

选中第 20 帧，打开"动作"面板，删除动作脚本"gotoAndPlay（10）"，依次展开"动作"面板中的"全局函数"→"时间轴控制"，双击"gotoAndStop"函数，再在右侧的括号中输入 1，如图 4-199 所示。该段脚本表示当动画播放到结尾时，自动跳转到第 1 帧并停止播放。

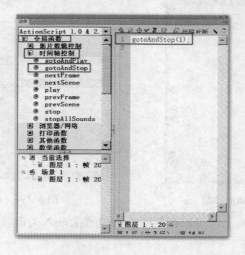

图 4-199　跳转到第 1 帧并停止播放

2．动作脚本语言介绍

（1）gotoAndPlay

一般用法：gotoAndPlay（场景，帧数）；

作用：跳转到指定场景的指定帧，并从该帧开始播放，如果要跳转的帧为当前场景，则可以不输入"场景"参数。

参数介绍如下：

● 场景：跳转至场景的名称，如果是当前场景，则不用设置该项。

● 帧数：跳转到帧的名称（在"属性"面板中设置的帧标签）或帧数。

举例说明：当单击被添加了"gotoAndPlay"动作脚本的按钮时，动画跳转到当前场景的第 15 帧，并从该帧开始播放的动作脚本：

```
on (press) {
gotoAndPlay(15);
}
```

举例说明：当单击被添加了"gotoAndPlay"动作脚本的按钮时，动画跳转到名称为"动画 1"的场景的第 15 帧，并从该帧开始播放的动作脚本：

```
on (press) {
gotoAndPlay("动画 1"，15);
}
```

（2）gotoAndStop

一般用法：gotoAndStop（场景，帧数）；

作用：跳转到指定场景的指定帧并从该帧停止播放，如果没有指定场景，那么将跳转到当前场景的指定帧。

参数介绍如下：

● 场景：跳转至场景的名称，如果是当前场景，就不用设置该项。

● 帧数：跳转至帧的名称或数字。

（3）nextFrame()

作用：跳转到下一帧并停止播放。

举例说明：单击一个按钮时，跳转到下一帧并停止播放的动作脚本：

```
on (press) {
nextFrame( );
}
```

（4）preFrame()

作用：跳转到前一帧并停止播放。

举例说明：单击一个按钮时，跳转到前一帧并停止播放的动作脚本：

```
on (press) {
preFrame( );
}
```

（5）nextScene()

作用：跳转到下一个场景并停止播放。

（6）preScene()

作用：跳转到前一个场景并停止播放。

（7）play()

作用：使动画从当前帧开始继续播放。

（8）stop()

作用：停止当前播放的电影，该动作脚本常用于使用按钮控制影片剪辑。

举例说明：当需要某个影片剪辑在播放完毕后停止，而不是循环播放，则可以在影片剪辑的最后一帧附加"stop()"动作脚本。这样，当影片剪辑中的动画播放到最后一帧时，播放将立即停止。

（9）stopAllSounds()

作用：使当前播放的所有声音停止播放，但是不停止动画的播放。需要注意的是，被设置的流式声音将会继续播放。

举例说明：当单击按钮时，影片中的所有声音将停止播放的动作脚本：

```
on (press) {
stopAllSounds( );
}
```

3．交互按钮的应用

将脚本添加到关键帧上，虽然可以改变动画的播放顺序，但只有当播放到包含脚本的关键帧上才能执行脚本，不能达到交互的目的。为了能更方便有效地控制动画的播放，需要将脚本添加到按钮或影片剪辑的实例上。

1）为了演示按钮的作用，首先制作一个使用引导层的简单动画。动画包括一个按钮层、一个引导层和一个被引导层，如图 4-200 所示。

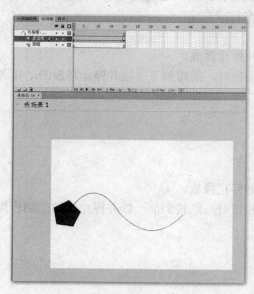

图 4-200　一个引导动画

2）选择"窗口→公用库→Buttons"菜单命令，如图 4-201 所示，调出 Flash CS6 自带的按钮库，如图 4-202 所示。

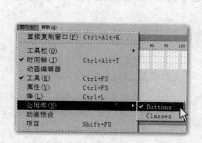

图 4-201　选择"Buttons"命令

图 4-202　按钮库

3）选择"按钮"图层，然后分别选择库中的 bubble 2 blue 和 bubble 2 green 按钮，拖入舞台，放置位置如图 4-203 所示。

4）更改按钮上的文字。方法：双击按钮进入按钮元件内部选中文字图层，如图 4-204 所示，双击文字，在"属性"面板中设置字体为"黑体"、字号为"13"，然后分别在按钮上输入文字"播放"和"暂停"，结果如图 4-205 所示。

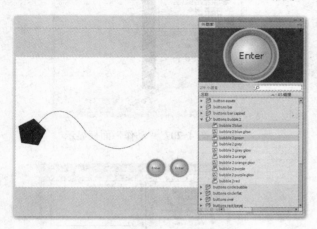

图 4-203　按钮拖入舞台　　　　　　　　　图 4-204　按钮内部的"text"文字图层

图 4-205　更改完成

5）由于这个动画不是自动播放的，而是由按钮进行控制的，下面首先制作动画载入后静止的效果。方法：右击"按钮"图层的第 1 帧，然后从弹出的快捷菜单中选择"动作"命令，接着在弹出的"动作"面板中输入 stop()，此时时间轴分布如图 4-206、图 4-207 所示。

6）制作单击"播放"按钮后开始播放动画的效果。方法：右击舞台中的"播放"按钮，从弹出的快捷菜单中选择"动作"命令，然后在弹出的"动作"面板中输入脚本语言。如图 4-208、图 4-209 所示。

```
on (release) {
play( );
}
```

图 4-206　动作选项

图 4-207　"动作"面板显示

图 4-208　选择"动作"命令

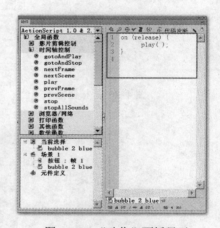

图 4-209　"动作"面板显示

7）制作单击"暂停"按钮后暂停播放动画的效果。方法：右击舞台中的"暂停"按钮，从弹出的快捷菜单中选择"动作"命令，然后在弹出的"动作-按钮"面板中输入脚本语句，如图 4-210、图 4-211 所示。

图 4-210　选择"动作"命令

图 4-211　"动作"面板显示

```
on (release) {
    stop( );
    }
```

4.7　组件与行为

4.7.1　组件

组件是一些复杂的带有可定义参数的影片剪辑元件。一个组件就是一段影片剪辑，其所带的参数由用户在创建 Flash 影片时进行设置，其中的动作脚本 API 供用户在运行时自定义组件。组件旨在让开发人员重用和共享代码，封装复杂功能，让用户在没有"动作脚本"时也能使用和自定义这些功能。

1．设置组件

选择"窗口→组件"菜单命令，调出"组件"面板，如图 4-212 所示。Flash CS6 的"组件"面板中包含"Flex""User Interface"和"Video"3 类组件。其中，"Flex"组件用于创建媒体组件；"User Interface"组件用于创建界面；"Video"组件用于控制视频播放。

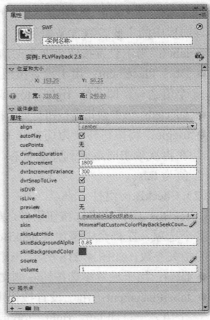

图 4-212　"组件"面板

用户可以在"组件"面板中选中要使用的组件（如图 4-213 所示），然后将其直接拖到舞台中。接着在舞台中选中组件，如图 4-214 所示的"属性"面板中可以对其参数进行相应的设置。

图 4-213　选中要使用的组件

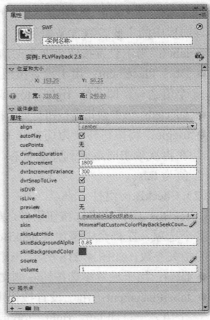

图 4-214　组件属性

2．组件的分类与应用

下面主要介绍几种典型组件的参数设置与应用。

（1）Button 组件

Button 组件为一个按钮，如图 4-215 所示。使用按钮可以实现表单提交，以及执行某些相关的行为动作。在舞台中添加 Button 组件后，可以通过"属性"面板设置 Button 组件的相关参数，如图 4-216 所示。

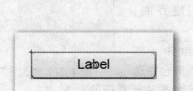

图 4-215　Button 组件　　　　　　　　图 4-216　Button 组件属性

该面板中的主要参数含义如下。

- label：用于设置按钮上文本的值。
- label Placement：用于设置按钮上的文本在按钮图标内的方向。该参数可以是下列 4 个值之一，即 left、right、top 或 bottom，默认为 right。
- selected：该参数指定按钮是处于按下状态（true）还是释放状态（false），默认值为 false。
- toggle：将按钮转变为切换开关。如果值为 true，则按钮在单击后保持按下状态，并在再次单击时返回到弹起状态。如果值为 false，则按钮行为与一般按钮相同，默认值为 false。

（2）CheckBox 组件

CheckBox 组件为多选按钮组件，如图 4-217 所示。使用该组件可以在一组多选按钮中选择多个选项。在舞台中添加 CheckBox 组件后，可以通过"属性"面板中设置 CheckBox 组件的相关参数，如图 4-218 所示。该面板中的参数含义如下。

- label：用于设置多选按钮右侧文本的值。
- labelPlacement：用于设置按钮上的文本在按钮图标内的方向。该参数可以是下列 4 个值之一，即 left、right、top 或 bottom，默认为 right。
- selected：用于设置多选按钮的初始值为被选中或取消选中。被选中的多选按钮会显示一个对钩，其参数值为 true。如果将其参数值设置为 false，则表示会取消选择多选按钮。

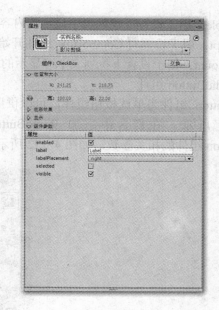

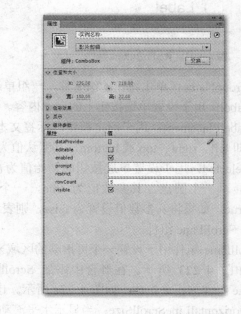

图 4-217　CheckBox 组件　　　　　　　　　　图 4-218　CheckBox 组件属性

（3）ComboBox 组件

ComboBox 组件为下拉列表的形式，如图 4-219 所示。用户可以在弹出的下拉列表中选择其中的一个选项。在舞台中添加 ComboBox 组件后，可以通过"属性"面板设置 ComboBox 组件的相关参数，如图 4-220 所示。

图 4-219　ComboBox 组件　　　　　　　　　图 4-220　ComboBox 组件属性

该面板中的主要参数含义如下。

● dataProvider：用于设置下拉列表当中显示的内容，以及传送的数据。

- editable：用于设置下拉列表中显示的内容是否为编辑的状态。
- prompt：用于设置对 ComboBox 组件开始显示时的初始内容。
- rowCount：用于设置下拉列表中可显示的最大行数。

（4）RadioButton 组件

RadioButton 组件为单选按钮组件，可以供用户从一组单选按钮选项中选择一个选项，如图 4-221 所示。在舞台中添加 RadioButton 组件后，可以通过"属性"面板设置 RadioButton 组件的相关参数，如图 4-222 所示。该面板中的主要参数含义如下。

图 4-221 RadioButton 组件   图 4-222 RadioButton 组件属性

- groupName：单击按钮的组名称，一组单选按钮有一个统一的名称。
- label：用于设置单选按钮上的文本内容。
- labelPlacement：用于确定按钮上标签文本的方向。该参数可以是下列 4 个值之一，即 left、right、top 或 bottom，其默认值为 right。
- selected：用于设置单选按钮的初始值为被选中或取消选中。被选中的单选按钮中会显示一个圆点，其参数值为 true，一个组内只有一个单选按钮可以有被选中的值 true。如果将其参数值设置为 false，则表示取消选择单选按钮。

（5）ScrollPane 组件

ScrollPane 组件用于设置一个可滚动的区域来显示 JPEG、GIF 与 PNG 文件，以及 SWF 文件，如图 4-223 所示。在舞台中添加 ScrollPane 组件后，可以通过"属性"面板设置 ScrollPane 组件的相关参数，如图 4-224 所示。该面板中的主要参数含义如下。

- horizontalLineScrollSize：当显示水平滚动条，单击水平方向上的滚动条时，水平移动的数量。其单位为像素，默认值为 4。
- horizontalPageScrollSize：用于设置按滚动条时水平滚动条上滚动滑块要移动的像素数。当该值为 0 时，该属性检索组件的可用宽度。

- horizontalScrollPolicy：用于设置水平滚动条是否始终打开。
- scrollDrag：用于设置当用户在滚动窗格中拖动内容时，是否发生滚动。
- source：用于设置滚动区域内的图像文件或 SWF 文件。
- verticalLineScrollSize：当显示垂直滚动条时，单击滚动箭头要在垂直方向上滚动多少像素。其单位为像素，默认值为 4。
- verticalPageScrollSize：用于设置单击滚动条时垂直滚动条上滚动滑块要移动的像素数。当该值为 0 时，该属性检索组件的可用高度。
- verticalScrollPolicy：用于设置垂直滚动条是否始终打开。

图 4-223　ScrollPane 组件

图 4-224　ScrollPane 组件属性

4.7.2　行为

用户除了可以使用组件应用自定义的动作脚本外，还可以利用行为来控制文档中的影片剪辑和图形实例。行为是程序员预先编写好的动作脚本，用户可以根据自身需要灵活运用这些脚本代码。

选择"窗口→行为"菜单命令，调出"行为"面板，如图 4-225 所示。

图 4-225　"行为"面板

- 添加行为：单击该按钮，可以弹出如图 4-226 所示的下拉菜单，可以从中选择所要添加的具体行为。
- 删除行为：单击该按钮，可以将选中的行为删除。
- 上移：单击该按钮，可以将选中的行为位置向上移动。
- 下移：单击该按钮，可以将选中的行为位置向下移动。

下面主要介绍几种典型行为的应用。

1．Web 行为

使用"Web"行为可以实现使用 GetURL 语句跳转到其他
Web 页。在"行为"面板中单击"添加行为"按钮，在弹出的

图 4-226　添加行为下拉菜单

下拉菜单中选择"Web"命令，则会弹出 Web 的行为菜单，如图 4-227 所示。选择"转到 Web 页"命令后，会弹出"转到 URL"对话框，如图 4-228 所示。

图 4-227　选择"Web"命令　　　　图 4-228　"转到 URL"对话框

- URL：用于设置跳转的 Web 页的 URL。
- 打开方式：用于设置打开页面的目标窗口，其下拉列表中有"_blank""_parent""_self"和"_top"4 个选项可供选择。如果选择"_blank"选项，则会将链接的文件载入一个未命名的新浏览器窗口中；如果选择"_parent"选项，则会将链接的文件载入含有该链接框架的父框架集或父窗口中，此时如果含有该链接的框架不是嵌套的，则在浏览器全屏窗口中载入链接的文件；如果选择"_self"选项，则会将链接的文件载入该链接所在的同一框架或窗口中，该选项为默认值，因此通常不需要指定它；如果选择"_top"选项，则会在整个浏览器窗口中载入所链接的文件，因而会删除所有框架。

2．声音行为

控制声音的行为比较容易理解。利用它们可以实现播放、停止声音及加载外部声音，以及从"库"面板中加载声音等功能。

单击"行为"面板中的"添加行为"按钮，在弹出的下拉菜单中选择"声音"命令，此时会弹出声音的行为菜单，如图 4-229 所示。

- 从库加载声音：从"库"面板中载入声音文件。
- 停止声音：停止播放声音。
- 停止所有声音：停止播放所有声音。

3．影片剪辑行为

在"行为"面板中，有一类行为是专门用来控制影片剪辑元件的。这类行为种类比较多，利用它们可以改变影片剪辑元件的叠放层次，以及加载、卸载、播放、停止、复制或拖

动影片剪辑等功能。

单击"行为"面板中的"添加行为"按钮，在弹出的下拉菜单中选择"影片剪辑"命令，此时会弹出影片剪辑的行为菜单，如图 2-230 所示。

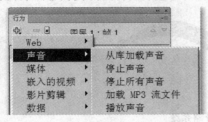

图 4-229　声音的行为菜单

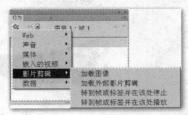

图 4-230　影片剪辑的行为菜单

4.8　骨骼动画

在动画设计软件中，运动学系统分为正向运动学和反向运动学这两种。正向运动学指的是对于有层级关系的对象来说，父对象的动作将影响到子对象，而子对象的动作将不会对父对象造成任何影响。例如，当对父对象进行移动时，子对象也会同时随着移动；而子对象移动时，父对象不会产生移动。由此可见，正向运动中的动作是向下传递的。与正向运动学不同，反向运动学动作传递是双向的，当父对象进行位移、旋转或缩放等动作时，其子对象会受到这些动作的影响；反之，子对象的动作也将影响到父对象。反向运动是通过一种连接各种物体的辅助工具来实现的运动，这种工具就是 IK 骨骼，也称为反向运动骨骼。使用 IK 骨骼制作的反向运动学动画，就是所谓的骨骼动画。IK 是指反向动力学（Inverse Kinematics），是一种通过先确定子骨骼的位置，然后反求推导出其所在骨骼链上 n 级父骨骼位置，从而确定整条骨骼链的方法。

在 Flash 中，创建骨骼动画一般有两种方式。一种方式是为实例添加与其他实例相连接的骨骼，使用关节连接这些骨骼。骨骼允许实例链一起运动。另一种方式是在形状对象（即各种矢量图形对象）的内部添加骨骼，通过骨骼来移动形状的各个部分以实现动画效果。这样操作的优势在于无须绘制运动中该形状的不同状态，也无须使用补间形状来创建动画。

1）首先在舞台上绘制出一个类似八爪鱼的鱼爪的形状，如图 4-231 所示。

2）然后选择工具箱中的骨骼工具，如图 4-232 所示。

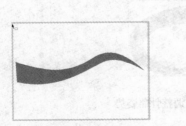

图 4-231　八爪鱼的鱼爪

图 4-232　骨骼工具

3）选中"骨骼工具"后，开始对这个鱼爪进行骨骼设置，这里需要提示一点，在进行这个骨骼设置时，要考虑到未来这个形状的运动。所以在添加骨骼时，尽量保证平均、简洁，如图4-233所示。

图4-233　添加骨骼系统

4）如果感觉添加完的骨骼不够完美或者距离不够匀称，则可以使用"部分选取工具"，也就是使用快捷键〈A〉，来修改其部分距离。

5）当设置好骨骼系统后，对应查看一下时间轴，就会发现在"时间轴"面板中多了一个图层，为骨骼图层，如图4-234所示。

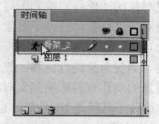

图4-234　骨骼图层

6）然后在该图层对应的任一帧位置右击，选择"插入姿势"命令，如图4-235所示。

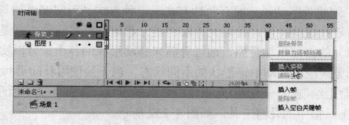

图4-235　插入姿势

7）插入姿势后，用"选择工具"开始对这个鱼爪进行调节，如图4-236所示。

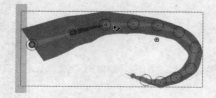

图4-236　调整骨骼姿势

这样就可以直接进行骨骼调节，同时可以拖动时间轴中的帧滑块，检查整个骨骼系统动画。

4.9　案例：无纸动画演示

无纸动画是近年来随着图形图像（CG）技术发展而逐渐成熟完善的一种新的创作方式，它是动漫 CG 创作的一个组成部分，目前新一代动漫高手们基本全部使用这样的创作流程。由于投入少、风险小，因此新兴动画公司已经普遍接受和采用了无纸动画流程。

无纸动画就是在计算机上完成全程制作的动画作品，它采用"数位板（压感笔）+计算机+CG 应用软件"的全新工作流程，其绘画方式与传统的纸上绘画十分接近，因此能够很容易地从纸上绘画过渡到这一平台，同时它还可以大幅提高效率、易修改并且方便输出，这些特性让这种工作方式快速普及。因为无纸动画的全计算机制作流程，所见即所得，所以省去了传统动画中例如扫描、逐格拍摄等步骤，而且简化了中期制作的工序，画面易于修改，上色方便。这样，可以有效地缩短动画制作流程，提高效率。并且，因为无纸动画软件多是矢量绘图，所以他可以很灵活地输出不同的尺寸格式，理论上可以达到无限高的质量而不失真，这是传统动画所无法比拟的。而且，因为无纸动画摒弃了传统纸张和颜料等工具，所以十分环保，而且工作环境也相应地要干净整洁。

无纸动画软件繁多复杂，除了专门开发的商业软件外，还有制作公司自己开发的独立软件。那么目前国际上普遍使用的通常有 Flash、Animo、Retas Pro、Toon Boom Animate Pro、Toon Boom Animate Harmony 等，像 Animo 这类的软件，实际上属于半无纸动画软件，因为它依然是使用传统动画流程，只是让中期制作中例如上色这类的工作更方便，依然需要纸上绘制动画前期，以及原画和补帧动画稿，而且它是面向百人以上大团队而设计的。

目前国内的无纸动画制作公司，90%以上都是使用 Flash 制作动画。与 Animo 这种半过渡性软件相比，Flash 具有流程新、上手快、操作简便、功能全面等优点，可以完全实现动画制作的全无纸化，所以对动画团队的规模要求低，更适合中国国情。Flash 软件的功能非常强大，包括动画前期、加工、后期合成都可以在 Flash 中完成，但是从 Flash 8.0 之后集成的特效处理功能目前还不足，所以有些时候，需要用一些后期处理软件如 After Effects、Vegas 等来配合使用。

1）利用 Flash 新建一个文件，并调整其帧频为每秒 25 帧，这样可以保证动画输出与电视播放频率一致。

2）根据分镜表或设计稿将设计好的镜头影像绘制成精细的线条稿，是动画制作具体操作过程中最重要的部分，因此又被称为"关键动画"。包括由分镜表上的指示与时间长度，把画面中活动主体的动作起点与终点画面以线条稿的形式画在纸上，前后动作关系线索、阴影与分色的层次线也在此时用彩色铅笔绘制。原画的作用是控制动作轨迹特征和动态幅度，其动作设计直接关系到未来动画作品的叙事质量和审美功能。因此，该工作对绘画能力的要求很高，所以多由一些高手担任，有的作画导演和人物设定人也会自己画原画。

3）在时间轴上各帧对应的舞台中进行绘制，这里提示一点，一般逐帧绘制都会配合手绘板，这样绘制如同在纸上绘画一样。先在第一帧绘制出角色第一张原画，这一过程相对于有绘画基础的设计者来说更为简单，如图 4-237 所示。

图 4-237　原画绘制 1

4）当把第一张原画绘制完成后，利用"洋葱皮工具"可以绘制出第二张原画，这里提示一点：为了让第二张原画和第一张原画之间留有空白时间段，所以要先在第 2 帧按〈F7〉键插入空白关键帧，进行隔开，然后在第 12 帧位置同样插入空白关键帧，如图 4-238 所示。洋葱皮工具是指：在主场景时间轴的左下方有一排按钮，有三个由两个方块组成的按钮，其中第二个就是洋葱皮工具，如图 4-239 所示。通常在 Flash 工作区中只能看到一帧的画面，如果使用了洋葱皮工具，就可以同时显示或编辑多个帧的内容，便于对整个影片的定位和安排。洋葱皮工具主要是实现传统动画制作中的中间画绘制，比如画一个抬手的动作，第一帧和最后一帧都画好了，那么就可以使用这个工具显示两帧，可以方便绘制中间画的过程。

图 4-238　原画绘制 2

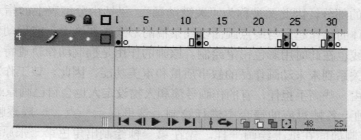

图 4-239　洋葱皮工具的位置

5）按照同样的方式绘制出原画 3，如图 4-240 所示，这一张是在第 24 帧位置进行绘制。

图 4-240　原画绘制 3

6）把原画 4 也按照相应的办法绘制出来，如图 4-241 所示。一般情况下，画逐帧动画，都会由专业原画师绘制出原画，然后再用 Flash 进行加画。这一帧是在第 30 帧位置处绘制的。

图 4-241　原画绘制 4

7）把原画绘制出之后，就可以按照运动规律等知识进行加画绘制，同样，在进行加画绘制时，需要打开"洋葱皮工具"，这样在对位等方面都比较方便。

8）看一下绘制完 4 张原画的时间轴样式，如图 4-242 所示。

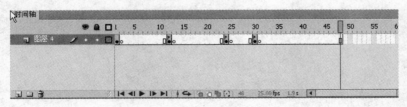

图 4-242　时间轴样式

看到时间轴中这几个原画所处帧位置后，需要开启"洋葱皮工具"，在原画之间进行逐帧绘制，这里所说的逐帧不是把每一个帧一个接一个地绘制出来，而是根据角色的动作和节奏来绘制，当然有的时候为了确保动画的流畅性，也可以对相同的帧进行复制，这样就不会有缺帧现象。这里提示一点，有时候为了确保原画和加画的修改，可以将加画另起一层来绘制，方便后面进行修改，如图 4-243 所示。这样就可以把整个动画绘制完成。

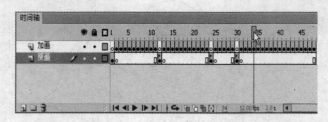

图 4-243　时间轴样式

第 5 章　Adobe Flash 角色动画案例

本章要点
- 角色侧面行走动画
- 角色正面跑动画
- 角色表情动画

一部 Flash 动画作品,要有优秀的剧本、分镜头设计、精美的造型设计和流畅的画面表现,其中角色的视觉效果较为关键,专业的 Flash 动画作品,必定在角色造型等方面都有突出的表现。对于角色的行走动画,是 Flash 动画制作应该掌握的重要内容。

5.1　案例:电影级角色介绍

美国经典动画角色造型具有商业性与娱乐性的高度统一,以及始终与时代相呼应的敏锐性和创新精神的特点。美国早期动画幽默、滑稽、搞笑,在角色造型上具有独特的艺术风格,塑造动物角色是美国早期动画最鲜明的特点,例如米老鼠、唐老鸭等角色造型上呈现鲜明的可爱风格,且大量运用曲线,造型线条圆润飘逸,呈现出一种优美的滑稽感,给人们愉悦的感觉。随着电子信息技术的发展,美国角色造型呈现出怪诞化意味,例如《怪物史瑞克》中外表丑陋却内心善良的史瑞克,如图 5-1 所示。

图 5-1　史瑞克

"描写简单的人和简单故事"的动画理念和创作风格影响了 20 世纪 80 年代以后的日本动画。多数作品着意于表现平凡之中包含的生活真谛,平凡之中也有其他力量所不能取代的尊严。如《千与千寻》中的千寻是一个毫不起眼的典型 10 岁日本女孩,但每个 10 岁的女孩,都能从千寻那儿看到自己,如图 5-2 所示。

中国动画角色的造型大量借鉴传统民间艺术的形式,"民族化"是中国动画最突出的特点。如"中国学派"的扛鼎之作《大闹天宫》中的角色"孙悟空",它借鉴了中国传统戏曲京剧的造型特点、民间美术传统的对比色,角色造型独特,色彩鲜亮、悦目,具有很强的装饰感,如图 5-3 所示。

欧洲动画具有较强的艺术性、文学性与思想性,角色自由浪漫;造型简练随意,形神兼备,幽默含蓄;创作手段丰富,以个性化的情感来审视自我与人生。代表作不胜枚举,如西班牙的手绘动画片《夜之曲》,主人公 Tim 的模样不见得有多漂亮,但被绘制得十分卡通有趣,有点丑丑的可爱,大脑袋小手脚,身体仿佛布袋子,而手脚又似扎口,收于末端。如图 5-4 所示。

图 5-2　千寻

图 5-3　孙悟空

图 5-4　《夜之曲》中的 Tim

5.1.1　电影级角色分类

1. 写实风格

这类动画角色在设计中以尊重客观对象的实际情况来创作，比较接近现实生活中的人和物，忠实于原型，造型严谨，客观地反映出角色的结构、比例、形体特征和动态特征。如《起风了》中的堀越二郎，延续了宫崎骏一贯的写实风格，如图 5-5 所示。

2. 写意风格

此风格运用概括、夸张的手法，丰富的联想，用笔虽然简单，但意境深透，具有一定的表现力和高度的概括能力，有以少胜多的含蓄意境，比较典型的如《父与女》的角色造型，如图 5-6 所示。

图 5-5　堀越二郎

图 5-6　《父与女》剧照

3．漫画风格

这种角色设计风格强调平面的影响效果，概括而简洁，其比例关系、形态、表情处理都十分夸张，具有幽默、风趣的艺术特点，往往比现实的形象更亲切可爱，如《名侦探柯南》中柯南的角色造型，如图5-7所示。

4．符号化风格

这类动画形象的特点是简洁明快，造型抽象化，随意性强。这类形象往往出现在动画短片、吉祥物设计、网络动画、玩具饰品设计等媒介中，角色往往没有什么故事背景或较为简单，所以可以摆脱情节的束缚而专注于形象本身的醒目效果，对于动态和表情的处理放在次要位置，注重角色的外在整体效果，追求让人过目不忘，形象本身也是千姿百态，怪诞而有趣。例如美国动画《海绵宝宝》中的海绵宝宝形象，如图5-8所示。

图5-7　柯南　　　　　　　　　　　　　　图5-8　海绵宝宝

5.1.2　电影级角色绘制法则

角色设计就像一位难缠的怪物，虽然过去我们所知道的知名卡通角色都有着看似简单的造型，但这些极简造型都是经过了长时间的不断研究，才创造出那样经典迷人的角色。

从早期米老鼠知名三只手指头的手掌设计（1920年会做出这样的设计，只是单纯为了减少动画制作时间），到极简又不失去细腻的辛普森家庭，角色设计在很多时候所追求的就是"简单"。但是这样的"简单"除了需要拥有干净的线条，以及辨识度高的造型之外，我们还需要什么样的知识去设计角色呢？这些知识可以让你清楚地了解到，什么时候该夸张化或收敛一点；该在角色身上增加什么样的设计才能加深它的背景与深度。从无到有的过程通常都是最棘手的阶段，但是一旦你有小小的概念的时候，以下几点建议将使你的角色生动起来：

1．搜寻与分析（search and analysis）

试着分析一些知名的角色，分别拆解出他们成功以及不成功的角色特色。目前市面上到处都有找不完的参考数据，插画造型的角色到处都是，如电视广告、麦片盒子、购物广告牌、水果上的贴纸、手机里的小动画等。试着分析这些角色，然后开始归纳出它们成功吸引你的特色。

2．设计与计划（design and plan）

这种角色将会通过哪些媒介（或媒体）展示出来？这将影响到此角色的设计过程与思考方式。例如，如果这名角色最终呈现方式是在手机上，就不会花太多时间去做如同电影般的那样错综复杂及过多的细节。正如Nathan Jurevicius所说的，在任何的媒体与媒介上，"所有的角色创作过程都是纸、笔、茶……一堆缩略图、写下所有的想法、涂鸦，以及反复修改的草图。"

3．谁是观众（who is the audience）

想想你的观众。如果角色以孩童为目标，你可能会使用圆形为基础形状与较亮一点的颜色。如果你是帮客户设计，通常事先已经规划好特定观众族群，Nathan Jurevicius 解释道："这样的角色虽然限制比较多，但创意本身并不会减少。客户提供他们的需求，但他们也还是需要创作者的专业协助。通常我会先针对这些需求进行规划，如一些重点特征与个性。譬如说，如果眼睛是很重要的特征，我将会特别凸显这部分的设计。"

4．视觉冲击（visual impact）

不管你是创造一只猴子、机器人还是怪物，你可以保证在世界上绝对有一百种相近的创作。你的角色必须给观众一点新鲜有趣及强烈的视觉风格，借此来吸引他们的注意力。马特·格勒宁在设计辛普森时，他知道他必须提供给观众完全不同的感观。所以他所设计的奇特的黄色皮肤，他认为可以成功抓住观众在转台时的注意力。

5．线的质量与风格（line qualities and styles）

一个角色往往可以透过你所画出的线条形状来描述。粗的、柔软的及较圆弧的线，可能暗示着它较容易亲近及可爱的角色，尖锐、粗糙或是不平均的线都代表着他是个难缠又难搞的角色。Sun Ehlers 所创作的角色通常都是用较粗的外框线绘制的，而且感觉上它们好像都在画面上跳舞似的。他的涂鸦就如同他所说的："绘制涂鸦就是一种坚决的绘笔流动，对我而言，力量与节奏是创造出一条强而有力的线条的要件。"

6．夸张的角色特征（exaggerated character）

将主要角色特征夸张化将会凸显他的重要性。这样的夸张特色将会让你的观众轻而易举地指出他的关键品质。特征夸张在讽刺画里是十分常见的，它能够帮助画家强调这名角色的人格特质。如果你的角色是一位强壮的角色，千万不要只帮他设计一双普通的手臂，大胆地强化它们，这样这名角色就可以拥有 5 倍大的手腕！

7．上色（colour）

颜色可以帮助表达一名角色的个性。比较典型的，通常用深色例如黑色、紫色及灰色等描述一名有着恶毒诡计的坏人；而鲜明的颜色如白色、蓝色、粉红色及黄色则可用来表达出无辜、善良及纯真的特色。而在美式漫画中，红色、黄色及蓝色的搭配可能让角色拥有英雄特质。

8．加上装饰（adding decoration）

服装与饰品可以帮助加深角色的背景与人格特质。举例来说，贫穷的人物身上穿的破旧衣服，没有品位的有钱人身上通常会穿戴金光宝石。有些时候饰品可以比文字更能描述角色个性或遭遇，比如时常看到的在海盗身上的鹦鹉或是食尸鬼的颅骨里的蛆。

9．第三维度（the third dimension）

有些时候你必须设计这名角色各个角度的样子，这取决于你计划让你的角色做什么。一个平淡的角色从侧面看起来可能显示出不同的个性，比如他有一个大大的啤酒肚。如果说你的角色最终将出现在一个三维世界里，不管它是一段动画还是一个实体玩具，把他的身高与体重及物理性状设计出来都是非常重要的。

10．传达角色个性（convey role personality）

往往光靠有趣的造型还无法塑造成一名成功的角色，它的性格特征也是十分重要的一环。通常一个角色可以通过漫画或是动画剧情的铺成，使其个性慢慢被展示或凸显。你的角色个性并不需要总是得到观众的认同，但是它必须非常有趣（除非你的角色是一名没有感情玩偶）。此外，角色个性也可以通过绘制的方式展示出来。

11．发挥自己（express yourself）

各式各样的表情可以帮助你的角色展现多样化的情感，不管它是描述正面还是负面的情绪，都会将你的角色发挥得更出色。依据其角色性格，它的情感很有可能被夸大扭曲或是非常夸张。其中一个很经典的例子是，特克斯•埃弗里作品里面的那只大野狼，总是在他最兴奋的时候双眼从脸上跳出来。

12．目标与梦想（goals and dreams）

促使角色产生性格往往都来自于在它背后对于达成目标那股执着的力量。这个内心的渴望可以是想要成为最富有的人，或是一位美丽的女友，或是解决一个谜题。这样的欲望可以让你的角色有着戏剧性的发展，并让观众更加相信他所面对的挑战。往往最吸引人的地方就是不完美的个性。

13．创作背景故事（creation background story）

如果你的角色存在于漫画与动画中，创作一个有深度的背景故事显得很重要。譬如说他从哪里来，或是他经历过哪些重大事件，这些都会加强角色本身的可信度。有些时候这些背景设定的故事，远比现在角色所面临的情况更加有趣。

14．快速绘图（quick drawing）

在设计与绘制角色时千万不要害怕尝试或是跳脱出传统的限制，往往会发现在这样的挑战下都会有意想不到的惊喜出现。艺术家 Yuck 在创作他的角色时，从来都不是很清楚他会创造出什么样的角色，他的创作会随着他当时所听的音乐及心情变化（可爱或是古怪），他必须先在角色中找到乐趣才开始针对各个角色特性去做设计。

15．磨练、规划与抛光（training plan and polishing）

与其毫无思绪地随意描绘角色，Nathan Jurevicius 通常都会花许多心思在思考这个角色在平面之外的发展，譬如说，这名角色在不同的环境或是世界里，会有什么样的表演与说话的方式？

16．随地取材（materials from anywhere）

使用一流的设备或软件会有某种程度的帮助，但在角色早期设计时并非必需品。许多知名的角色都是在没有计算机的情况下诞生的，那时的 Photoshop 只是一个活在幻想中的工具。我们所设计出来的角色必须在只有纸跟笔的情况下也能完美地表现他的特征，如同 Sune Ehlers 所说的："适时用泥巴与树枝还是能够画出满意的角色。"

17．在真实环境中创作（creation in real environment）

艺术家伊恩用计算机和手绘本创造出他的很多角色。手绘本可以让外在的环境去影响他的作品。他非常喜欢这些外在要素与他的角色互动。他常常让这些外在环境激发他形成一个思路，然后慢慢地让他那颗怪异的脑袋去发挥剩下的构想，比起用计算机创作，他个人偏好在室外用纸、笔画图，因为手感非常好而且常常会有意想不到的事发生。

18．询问（ask）

把自己所创作出来的作品给他人观看，并询问他们的意见。不要只问他们喜欢还是不喜欢。重要的是弄清楚他们是否抓到角色特质及个性。询问适当的观众观赏你的作品，要求他们给予详细的意见。

19．角色环境（character environment）

这部分跟创作角色历史背景一样，你必须创造出一个环境可以增加角色的可信度。角色所居住的环境及他所接触的对象必须符合角色本身的设定或是他的遭遇。

20．细部修饰（detail modification）

不断地询问自己的创作重点，特别是脸部特征。一点点变化都可以大大改变这个角色的辨识度，插画家尼尔·麦克法兰建议要不断地思考"角色"这两个字所代表的意思。你必须为这些角色带入生命，让他们受人喜爱，施展一些魔法在它们身上，使他们能够被观众想象，而这些魔法将会使你的角色从平面设计中脱颖而出。

以上这 20 个技巧是对角色设计总结出的一些技巧类的东西，只有不断地研究才能够设计出好的角色造型。

下面介绍一个具体的案例：角色绘制——写实人物，如图 5-9 所示。写实人物要客观地反映出角色的结构、比例、形体特征和动态特征，一般为七个头高。女孩子的特点是全身曲线圆润、柔美；要注意胸部和臀部的刻画；手、胳膊与腿要纤细；手腕和大腿根部在同一个位置。

1）打开 Adobe Flash CS6 软件，新建 Flash 文档。

2）选择"文件"→"保存"菜单命令，在弹出的"另存为"对话框中，在"文件名"组合框中输入"写实人物"，单击"保存"按钮，如图 5-10 所示。

图 5-9　写实人物

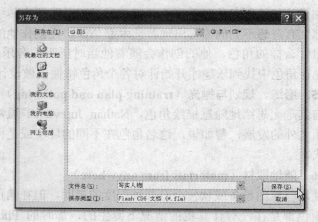

图 5-10　"另存为"对话框

3）在"图层 1"上（一定注意要分层绘制人物），单击工具箱中的"椭圆工具"，在舞台中绘制人物头部的上半部分，再单击"线条工具"，绘制一条直线来确定脸部的朝向，如图 5-11 所示。

4）继续用"线条工具"（也可用"钢笔工具"或"铅笔工具"绘制，根据自身掌握的熟练程度选择即可）绘制出人物头部的下半部分，使用"选择工具"调整脸部轮廓线条，如图 5-12 所示。

5）绘制直线确定五官的位置，如图 5-13 所示。

6）新建一个图层，使用"线条工具"绘制出人物身体的基本结构，确定人物的动态，如图 5-14 所示。

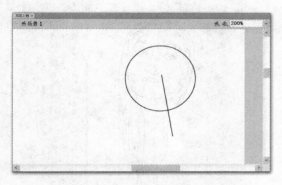

图 5-11 绘制人物头部的上半部分

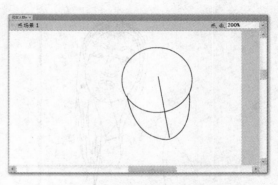

图 5-12 绘制出人物头部的下半部分

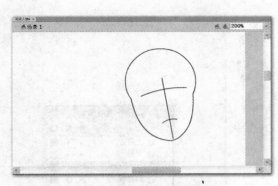

图 5-13 确定五官的位置

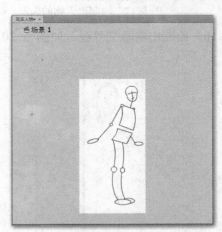

图 5-14 人物身体的基本结构

7）接下来按照基本轮廓，新建一个图层，开始绘制人物的五官。使用"线条工具"绘制出眼睛的形状，使用"椭圆工具"绘制出眼珠，使用"刷子工具"绘制出眼睫毛，如图 5-15所示。

8）继续搭配使用"线条工具"和"选择工具"依次绘制出人物的眉毛、鼻子、嘴、头发，最后删去多余的线条，如图 5-16、图 5-17、图 5-18、图 5-19 所示。

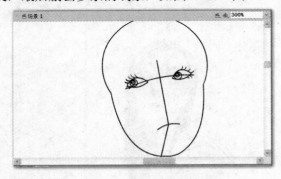

图 5-15 绘制人物的五官

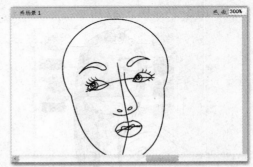

图 5-16 绘制出人物的眉毛、鼻子、嘴

9）按照身体的基本结构和动态，新建两个图层，分成"上身"和"下身"绘制人物的身体轮廓，由于绘制的是女性，所以更要注重线条的平滑流畅，如图 5-19 所示。

图 5-17　绘制出人物的头发

图 5-18　删去多余的线条

10）绘制出明暗交界线，如图 5-20 所示。再新建一个"背景"层，此时人物分层，如图 5-21 所示。

图 5-19　人物的身体轮廓

图 5-20　绘制出明暗交界线

图 5-21　人物分层

11）人物的身体轮廓绘制完毕，单击工具箱中的"颜料桶工具"，给人物上色，可在"颜色"面板中调节颜色，最后删去轮廓线和明暗交界线，如图 5-22、图 5-23、图 5-24、图 5-25、图 5-26、图 5-27 所示。

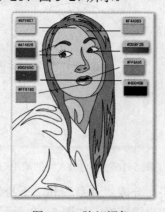

图 5-22　脸部颜色

图 5-23　删去明暗交界线

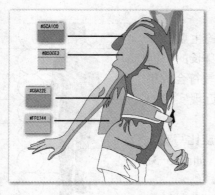

图 5-24　上身颜色

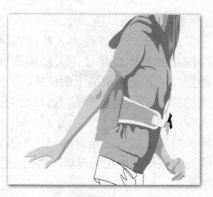

图 5-25　删去明暗交界线

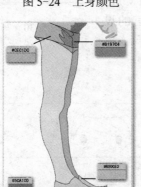

图 5-26　下身颜色

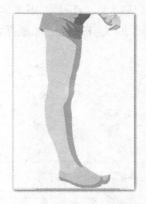

图 5-27　删去明暗交界线

12）写实人物绘制完成，如图 5-28 所示。单击工具箱中的"矩形工具"，在"背景"层中绘制背景，背景色为#6B4E7C，最终效果如图 5-29 所示。

图 5-28　人物绘制完成

图 5-29　最终效果

5.1.3　角色整合设计

1. 角色造型比例

设计角色时，对头身比例进行变化就是改变人物的体型。通过把握人物的头身比，可以表现出各种不同的人物角色。

- 正常人物比较接近现实人物。正常人物的主要特征是腿部线条比较修长，大腿根部在人物身长的中间位置，或者是稍稍偏上的位置。7 头身比较符合成年人的体型，人物的脸部五官比例也更贴近现实中的人物，如图 5-30 所示。

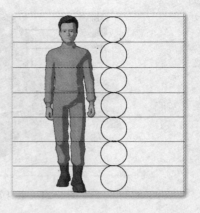

图 5-30　写实人物比例

- 四头身角色腿长占全身的一半，五官绘制应比写实人物更为概括，多用于漫画风格的角色造型，如图 5-31 所示。
- 可爱版角色比例多为两头身，身体和头的比例是 1∶1，一般都是脸大、头大，下半身要瘦一些，五官的设定相对于四头身来说更加概括，如图 5-32 所示。

图 5-31　四头身比例

图 5-32　可爱版角色比例

2．角色多角度转面

动画制作一般需要多种角度的角色造型来保证角色在动画中的统一性，因此在确定角色后应画出角色的多角度转面图，一般包括以下几个角度：正侧、背面、正面、正 45° 转面、后 45° 转面，如图 5-33 所示。

图 5-33　角色多角度转面

3. 角色绘制参考

（1）眼睛

写实角色眼睛的常见类型及漫画角色眼睛的常见类如图 5-34、图 5-35 所示。

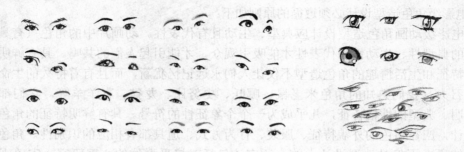

图 5-34 写实眼睛　　　　　　　　　　图 5-35 漫画眼睛

（2）手

写实角色手部动作的常见类型及卡通风格角色的手部动作如图 5-36、图 5-37 所示。

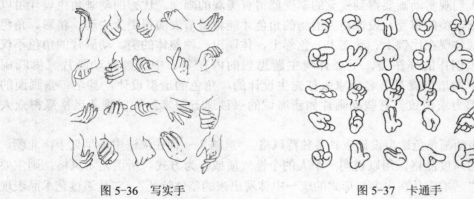

图 5-36 写实手　　　　　　　　　　图 5-37 卡通手

（3）表情

如图 5-38、图 5-39 所示为夸张表情和可爱表情的画法示例。

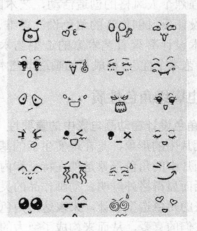

图 5-38 夸张表情　　　　　　　　　　图 5-39 可爱表情

5.2 案例：电影级角色绘制

动画是运动的画面，运动是它的本质。动画之中主要运动的就是角色。根据动画角色的特性，电影级角色造型设计必须遵循的原则如下：

- 电影级动画角色造型设计应典型、生动且有代表性。动画片中的角色只有具备一定的典型性、生动性和代表性才能吸引观众，才能引起人们的共鸣。具有鲜明的性格特征和生活情趣的角色造型不仅让人们永远记忆犹新，而且有着持久的生命力和感召力。我们熟知的角色米老鼠、哪吒、史努比、龙猫、喜羊羊等，它们都具有鲜明、典型的性格特征，几乎成为一个个象征性的符号。具有鲜明特征的角色造型设计，应在角色的外貌特征、服装、行为方式、道具都有相应的识别性。角色设计者的思考不仅是造型设计上的，还应该包括对接受群体的心理研究、审美观等的思考，再用视觉方式进行表象和审美上的完善，以图画的形式呈现出来。这就需要设计师们具备社会学、心理学等广博的知识。

- 电影级动画角色造型设计应美观。动画属于视听艺术，画面是动画的主要组成部分。人们观赏动画要得到视觉的享受就得有美观的画面。优秀的动画角色设计可以给观众以美的享受，设计精美恰当的角色才能将情节表演得更为生动、精彩。角色的美观体现在比例上、动态上、色彩上，体现出一种整体的美。动画片的角色不仅是动画创作的外在美，更要体现主题思想的内在美。中国经典动画片《哪吒闹海》中的造型就是著名画家张仃先生设计的。角色的造型设计，甚至每张画面的绘制都力求极致。有些动画片如新海诚的《秒速五厘米》则以唯美风格赢得众人称赞。

- 电影级动画角色造型设计应具备独特风格。"风格"一词在汉语中最早见于南北朝，指人的风度品格，用以说明一个人的个性气质或行为方式。所谓艺术风格，则主要是指"艺术作品在内容与形式的统一中体现出来的整体特征"，它是通过艺术品表现出来的相对稳定、更为内在和深刻，从而更为本质地反映出时代、民族或艺术家个人的思想观念、审美理想、精神气质等内在特性的外部显现。艺术创作是一种带有强烈个人风格的创造活动，艺术的无限魅力就存在于其作品的独特风格之中。角色设计反射创作者的角色设计思维、审美意识及个人的艺术语言的追求。动画造型艺术设计凝聚着艺术家的造型艺术观念、设计思维、审美取向，以及个人所追求的"艺术个性"，构成了动画造型艺术的恒久生命力。

5.2.1 电影级角色性质

1. 角色设计在动画电影中的重要性

动画片中的形象，是在现实生活的基础上，通过幻想虚构及高度的概括所创造出来的形象，动画片中的角色形象是外在特征和内在性格的结合，形象中的内在性格也由于外形的夸张和概括而显得格外鲜明。动画作品的灵魂就是角色的造型，优秀的动画角色可以凭借着奇特和夸张的角色造型设计，来表达出角色乐观积极的人生态度，以及人文内涵来赢得各个年龄阶层人们的喜爱，从而来构成了巨大的商业价值。一部成功的影片，必须拥有成功的角色造型，随着时间和记忆的流逝，动画片中展示的情节会逐渐地模糊和淡去，但是生动有趣并且性格独特新颖的动画角色却可以轻而易举地留在我们的记忆中。角色造型设计在支撑整个影片中起到了决定性的作用。

在各种类型的动画片创作环节中，角色造型设计是整个影片的前提和基础，它们主导着整个动画片的情节、风格、趋势等。动画片中角色的意义不仅仅局限于动画影片本身，类似于电影明星的广泛社会影响，优秀的动画角色造型同样有着独立于影片之外的意义和价值。通常在常规的商业动画创作流程中，角色造型设计是在完成商业策划、创意和剧本创作之后重要的创作环节，是动画前期创作阶段的起点和美术设计工作中最先开始的、最重要的部分。角色造型设计不仅是后面创作的基础和前提，而且决定了影片的艺术风格和艺术质量，进而影响影片的制作成本与周期。

2．电影级角色性格魅力

动画角色的设计是要求创造全球化、具有无限发展空间的角色形象。好的形象才能够充分地展示角色的性格魅力，演绎出动人的故事情节。好的角色形象设计不仅具有艺术价值，而且具有很大的商业价值，还可以成为媒介、广告和形象代言。

动画角色的设计是动画电影创作的重要内容，所以，形象设计一定要深入挖掘角色的个性，进行全方位的设计。动画角色的形象是运用造型技法和手段创造出来的，包括立体的木偶形象、平面的绘画形象和剪纸形象，以及计算机生成的二维或三维的形象等。它们可以传达感情和意义，能够推动剧情的发展，具有性格特征和人格魅力。

动画角色形象不仅是一个纯粹的视觉符号，而且它具有深刻的内涵，包括人格魅力和气质因素。形象设计不能只注重形象的外形与轮廓，还应该考虑角色的身份与性格。

5.2.2　电影级角色绘制技巧

本节介绍《冰雪奇缘》人物绘制——安娜，如图 5-40 所示。

图 5-40　安娜

《冰雪奇缘》是 2013 年美国迪士尼出品的一部 3D 动画电影，是迪士尼成立 90 周年献礼作品，改编自安徒生童话《白雪皇后》。影片讲述的是一个严冬咒语令王国被冰天雪地永久覆盖，安娜和山民克里斯托夫及他的驯鹿搭档组队出发，为寻找姐姐拯救王国展开的一段冒险。

绘制角色介绍：安娜是阿伦戴尔王国的小公主，她勇敢无畏，有点一根筋，同时也很乐观，非常关心他人。

1）打开 Adobe Flash CS6 软件，新建 Flash 文档。

2）选择"文件"→"保存"菜单命令，在弹出的"另存为"对话框中，在"文件名"组合框输入"冰雪奇缘——安娜"，单击"保存"按钮，如图 5-41 所示。

3）在"时间轴"面板中新建图层，重命名为"手臂""裙子""头部""基本结构"，分层绘制角色，如图 5-42 所示。

4）使用工具箱中的"椭圆工具"和"线条工具"分图层绘制出角色身体的基本结构，确定角色的动作，如图 5-43 所示。"椭圆工具"和"线条工具"的属性设置如图 5-44、图 5-45 所示。

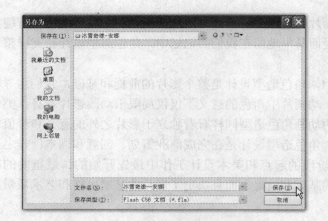

图 5-41 "另存为"对话框

图 5-42 分层

图 5-43 角色身体的基本结构

图 5-44 "椭圆工具"属性设置

5）绘制出角色的基本轮廓，删去多余的线条，如图 5-46 所示。

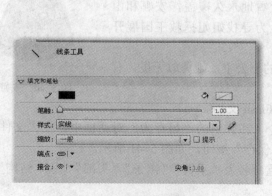

图 5-45 "线条工具"属性设置

图 5-46 角色的基本轮廓

6）接下来按照基本轮廓，开始绘制角色的五官，使用"线条工具"绘制出眼睛的形状，使用"椭圆工具"绘制出眼珠，如图 5-47 所示。

图 5-47　绘制眼睛

📖　卡通角色的五官相对于写实角色来说要大很多，鼻子和嘴多用简单的线条表示。

7）继续搭配用"线条工具"和"选择工具"依次绘制出角色的眉毛、鼻子、嘴、头发，最后删去多余的线条，如图 5-48、图 5-49 所示。

图 5-48　绘制鼻子、嘴

图 5-49　绘制眉毛、头发

8）角色的整体轮廓绘制完成，如图 5-50 所示。

9）接下来绘制人物的细节部分，使用"椭圆工具""线条工具"和"选择工具"绘制人物所佩戴的项链，如图 5-51 所示。

图 5-50　角色的整体轮廓

图 5-51　项链

10）绘制裙子的花纹。由于花纹大多是对称图形，所以绘制完成其中的一边，按〈Ctrl+G〉组合键将其打组，如图 5-52 所示，按住〈Alt〉键用鼠标拖动复制，单击工具箱中的"变形工具"调整位置，完成的效果如图 5-53 所示。

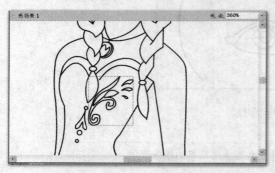 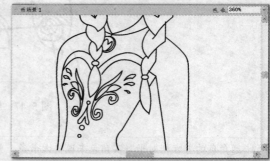

图 5-52　绘制完成一边花纹　　　　　　　　图 5-53　花纹绘制完成

11）搭配使用"线条工具"和"选择工具"绘制出裙摆的条纹，如图 5-54 所示。

图 5-54　绘制出裙摆的条纹

12）绘制出裙摆的花纹。先绘制出花纹的一个花瓣，然后按住〈Alt〉键用鼠标拖动进行复制，再利用"任意变形工具"调整位置，绘制完成后按〈Ctrl+G〉组合键打组，如图 5-55、图 5-56、图 5-57 所示。

图 5-55　复制花纹　　　　　　　　　　　图 5-56　调整位置

图 5-57　绘制完成后打组

13）单击"选择工具"将绘制好的裙摆花纹放在条纹中间，再按住〈Alt〉键用鼠标拖动进行复制即可，如图 5-58 所示。绘制好一整条继续打组复制，可以减少工作量，如图 5-59、图 5-60 所示。

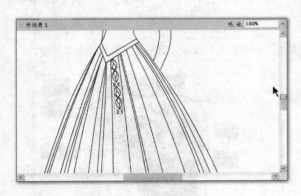

图 5-58　复制花纹

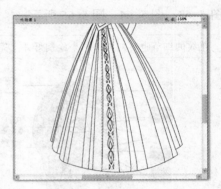

图 5-59　打组

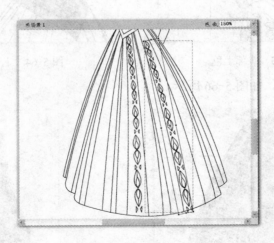

图 5-60　复制花纹

14）如果要对已经打组的部分进行调整，双击进入即可调整，如图 5-61 所示。

15）角色的整体轮廓绘制完成，如图 5-62 所示。

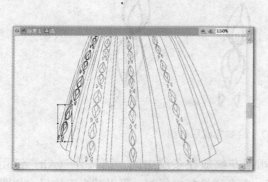

图 5-61　双击点入调整

图 5-62　轮廓绘制完成

16）单击工具箱中的"颜料桶工具"给角色上色，可在"颜色"面板中调节颜色，如图 5-63、图 5-64、图 5-65 所示。

花纹的细节也可对其中一个绘制好并上完颜色，再进行复制摆放，这样上色时会减轻工作量。

图 5-63　头部上色

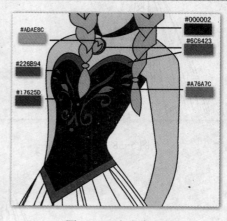

图 5-64　上半身上色

17）角色上色完成，如图 5-66 所示。

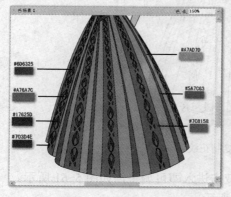

图 5-65　裙子上色

图 5-66　上色完成

18）选中头发、鼻子和耳朵的轮廓线，如图 5-67 所示，在"属性"面板中，改变其颜色和线条尺寸，如图 5-68、图 5-69 所示。效果如图 5-70 所示。

图 5-67　选中头发的轮廓线

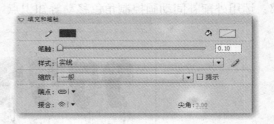

图 5-68　头发轮廓线的属性

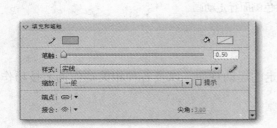

图 5-69　鼻子、耳朵的线条属性

图 5-70　改变线条属性效果

19）删去多余的轮廓线，角色绘制完成，如图 5-71 所示。

图 5-71　角色绘制完成

5.3 案例：角色侧面行走动画

本节制作角色侧面行走动画解析，如图5-72所示。

本案例主要通过制作角色侧面走的动画讲解了元件的拆分、动作调节、将动作整理到元件内部、运用外部补间动画控制角色移动等知识点。

图5-72　角色侧面行走动画

5.3.1　前期素材引入

在互联网上搜集卡通人物的三视图、行走的运动规律，以及各种相关动作调节技巧作为参考。

1. 卡通人物三视图

卡通人物的三视图如图5-73所示。

图5-73　卡通人物三视图

2. 分析人物行走的运动规律

（1）常规运动状态

以人物为例，一般正常的行走动作可称为常规动作。其他形状、体量的生命体或非生命体其正常移动的动作都属此范畴，如图5-74、图5-75、图5-76所示。

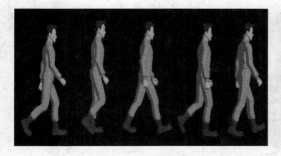

图 5-74　正常人物侧面走

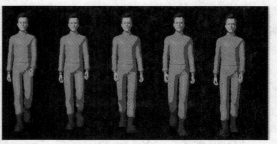

图 5-75　正常人物正面走

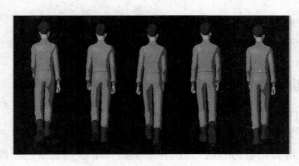

图 5-76　正常人物背面走

（2）夸张运动状态

迪士尼式的夸张动作是典型代表，但这种夸张也是在写实基础上的，抓住人物的主要特征加以放大，而次要特征常常被忽略。如图 5-77 所示是迪士尼的人物走路动作设计稿。

图 5-77　迪士尼式走路

5.3.2　角色创建技巧

设计角色的侧面时，可以参考网上收集的卡通人物三视图，在此基础上，根据角色的正面图绘制出其侧面，如图 5-78 所示。

角色绘制好后，为了方便调节动作，要将身体的各部分转换为图形元件，如图 5-79 所示。

图 5-78　依据角色正面绘制侧面

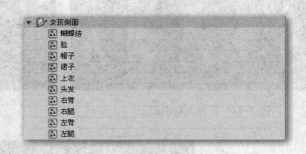

图 5-79　女孩侧面身体元件拆分

5.3.3　角色动画前期准备

1. 拆分角色的身体各部分

1）选择绘制好的脸部，如图 5-80 所示，右击后选择"转换为元件"命令，在弹出的"转换为元件"对话框中，将其命名为"脸"，选择"类型"下拉列表中的"图形"选项，单击"确定"按钮即可，如图 5-81 所示。

图 5-80　选择绘制好的脸部

图 5-81　"转换为元件"对话框

2）按上面的方法依次把女孩的身体各部分转换为元件，如图 5-82 所示。

3）选择"插入"→"新建元件"菜单命令，在弹出的"创建新元件"对话框中，将其命名为"整体"，选择"类型"下拉列表中的"影片剪辑"选项，单击"确定"按钮，如图 5-83 所示。

图 5-82　拆分身体各部分

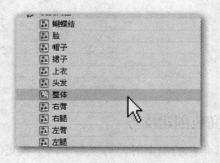

图 5-83　新建"整体"元件

4）双击进入"整体"元件内部，将女孩的身体各部分组合，如图 5-84 所示，为调节动作做准备。

图 5-84　组合女孩身体各部分

5）选中人物全部元件，右击，选择"分散到图层"命令，如图 5-85 所示。将所有元件分散到图层，如图 5-86 所示。

图 5-85　分散到图层

图 5-86　图层显示

2. 调节中心点

为了调节人物的动作，把身体各部分元件的中心点调节到关节位置，相当于人体的关节。方法如下：选择手臂元件，单击工具箱中的"任意变形工具"，调节中心点，如图 5-87、图 5-88、图 5-89 所示。

图 5-87　显示中心点

图 5-88　将中心点调到关节位置

图 5-89　可以自由调节动作

然后依次调节每个元件的运动中心点，这一点很重要。如果有看不到的部分，单击如图 5-90 所示的按钮，边框显示如图 5-91 所示。注意，一定要保证各个部分位置关系正确。

图 5-90　边框显示

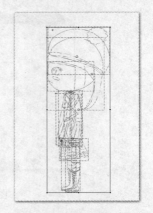

图 5-91　边框显示效果

5.3.4　角色动画制作中期

在上一节准备好的基础上，开始给人物调节动作。

1）选中各图层的第一帧，按〈F6〉键插入关键帧，如图 5-92 所示。

2）使用"任意变形工具"，按照人物侧面行走的运动规律，调节人物身体各部分的动作，如图 5-93 所示。

图 5-92　插入关键帧

图 5-93　第 5 帧动作

3）继续按〈F6〉键插入关键帧，调节动作。如图 5-94、图 5-95、图 5-96、图 5-97 所示。

图 5-94　第 10 帧动作

图 5-95　第 15 帧动作

图 5-96　第 20 帧动作

图 5-97　第 25 帧动作

4）完成的效果如图 5-98 所示。各图层关键帧如图 5-99 所示。

图 5-98　完成效果

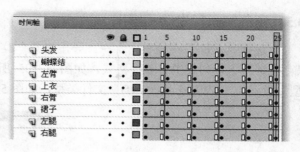

图 5-99　关键帧

5）人物动作调节完成后，返回场景，将"图层1"重命名为"女孩"，把女孩的"整体"元件拖入，新建图层，命名为"影子"，选中两个图层的第30 帧插入关键帧，如图 5-100 所示。

6）选择"影子"图层，选中女孩元件，右击，选择"复制"命令，在空白处粘贴，用"任意变形工具"调节其形状，如图 5-101 所示。按〈Ctrl+B〉组合键解组，如图 5-102 所示。用"颜料桶工具"将其颜色改为#999999，影子绘制完成的效果如图 5-103所示。

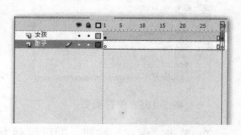

图 5-100　制作影子

图 5-101　复制女孩元件

图 5-102　解组

图 5-103　改变影子颜色

7）选中两图层中的任意两帧（第 1 帧和最后一帧除外），右击，选择"添加传统补间"命令，如图 5-104 所示。

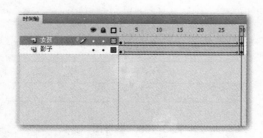

图 5-104　添加传统补间

8）选择"文件"→"保存"菜单命令，保存文件。

5.3.5　角色侧面行走动画导出

1）选择"文件"→"导出"→"导出影片"菜单命令，打开"导出影片"对话框。在"保存类型"下拉列表中有多种格式，如图 5-105 所示。在"导出影片"对话框中将"保存类型"设置为"SWF 影片(*.swf)"文件类型，如图 5-106 所示。

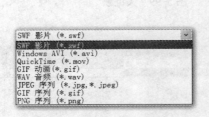 

图 5-105　保存类型　　　　　　　　　　　　　　图 5-106　"导出影片"对话框

2）单击"保存"按钮，即可保存为 SWF 文件。

5.4　案例：角色正面跑动画

5.4.1　前期素材引入

1）搜集一些资料来作为角色动画的参考图及相关信息，如图 5-107 所示。

图 5-107　参考图

2）迈出左腿后人物头部形成的弧线运动，如图 5-108 所示。

图 5-108　参考图

3）迈出右腿后人物头部形成的弧线运动，如图 5-109 所示。

4）正面行走过程中人物头部形成的弧线运动，如图 5-110 所示。

图 5-109　参考图　　　　　　　　　　　图 5-110　参考图

运动规律中需要注意以下 5 点：

1）走动时为了使身体平衡，上身是不停地随着运动而扭动的。

2）在运动过程中肩部和骨盆的运动以相反的方向做运动，所以在运动过程中左臂与左肩向前，则左腿与左骨盆向后运动，腰部随之有明显的扭动。

3）正面透视比较大，注意遵循近大远小的规律来表现手脚的前后运动。

4）手臂向前抬起时略有弯曲，甩动到身后是伸直的。

正面行走过程中肩部和骨盆的运动，如图 5-111、图 5-112 所示。

图 5-111　参考图　　　　　　　　　　　图 5-112　参考图

5）手臂由前到后从头部上方看，也是一个弧线运动。在正面表现中是通过近大远小和与身体的距离来表现这个弧线运动的，如图 5-113 所示。

图 5-113　参考图

5.4.2　角色创建技巧

了解了正面走路的基本运动规律后，就可以试着制作一个人物正面走路的循环动画，如图 5-114 所示。绘制时按以下两点技巧进行：

1）新建一个 Flash 文档，在"文档属性"对话框里设置帧频值为 24fps，修改尺寸为：550 像素（宽）×400 像素（高）。

2）在场景中将人物的各部分分图层绘制，并转换为图形元件，也可直接打开素材文件，如图 5-115 所示。

图 5-114　角色正面走路参考图　　　　　　图 5-115　角色身体元件

5.4.3　角色动画前期准备

调整这些部件的中心点位置，并摆放成如图 5-116 所示的效果。

图 5-116　角色身体元件组合

5.4.4　角色动画制作中期

1）在第 13 帧插入关键帧，通过"移动""旋转"和"缩放"操作，将手和脚调整到如图 5-117 所示的效果。

2）在第 7 帧插入关键帧，根据动作 1 和动作 3，通过"移动""旋转"和"缩放"操作，将手、脚、身子和头调整到如图 5-118 所示的位置。

图 5-117　角色身体元件动势 1　　　　　　图 5-118　角色身体元件动势 2

3）将第 7 帧复制到第 19 帧，让头向另一个方向倾斜，手的位置不动，左右脚的位置进行对换，如图 5-119 所示。

4）将第 1 帧复制到第 25 帧，选中所有帧创建补间动画，按〈Enter〉键预览效果。

通过上面的制作可以知道，在 Flash 中制作简单的人物行走动画只需要 4 张原画，当然这只是一种制作方法，在实际创作中需要根据不同的角色和对动作的要求采用不同的方法。

人物在跑动过程中的动作幅度比较大，所以正面观察跑步动势，要认识到身体的前后运动的透视变化也相对较大。并且由于透视的近大远小，在正面跑步运动过程中人体头部的弧线运动的高低起伏并不明显，如图 5-120 所示。

图 5-119　角色身体元件动势 3

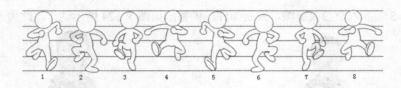

图 5-120　跑动动势

绘制跑步动势时需要注意以下 6 点运动规律：

1）在跑步过程中，身体略向前倾。正面观察，跑步时身体由于透视的原因看起来比走路时的身体要短一些。

2）在跑步过程中，看不到脖子或看到少许脖子，这与跑动的激烈程度有关。一般来说，跑得越激烈，身体前倾幅度越大，头部越靠前，所以基本看不到脖子；反之，跑得越清闲，身体前倾幅度越小，看到脖子的部分相对越多。

3）在正面跑步中，头部靠前，所以透视变化比较明显。一般来说，落地时头部要画得相对大一些，而腾空时由于距离的原因，头部要画得小一些（在半身和头部特写的跑步动画中，表现最为明显。如果不是激烈的跑步运动，则头部透视变化基本可以忽略）。

4）肩部和骨盆的运动幅度更大，腰部扭动更加明显。

5）手臂前后摆动幅度更大、更有力。

6）腿脚的弯曲幅度比较大，正面表现中，要正确认识大腿和小腿、小腿与脚之间的穿插与透视关系。

通过前面的实例知道，在 Flash 中制作"走"和"跑"可以利用补间动画来制作中间画，这大大地缩短了制作时间。但这种方法并不是在所有动画中都可以运用的，在一些运动幅度较大的动画中，就只能通过逐帧动画的方法进行绘制。在下面的实例中将利用"逐帧动画"制作人物的正面跑步。

1）启动 Flash，新建一个 Flash 文档，在"文档属性"对话框里设置帧频值为 24fps，修改尺寸为：550 像素（宽）×400 像素（高）。

2）根据正面跑的规律在场景中将动作 1 的各部分分图层绘制，并转换为图形元件，如图 5-121 所示。

3）将部件摆放成如图 5-122 所示的姿势，此动作为"动作 1"。

4）在第 9 帧插入关键帧，选中左手元件，选择"修改"→"变形"→"水平翻转"命令，然后将其移动到右手位置。用同样的方法把左右手和脚的位置对换，同时旋转头部，做出如图 5-123 所示动作，此为"动作 5"。

图 5-121　各部分图形元件

图 5-122　动作 1

5）在第 5 帧插入空白关键帧，绘制部件，调整出如图 5-124 所示动作，此为"动作 3"。

图 5-123　动作 5

图 5-124　动作 3

6）将第 5 帧复制到第 13 帧，根据步骤 4 的方法调换左右手脚的位置，如图 5-125 所示，此为"动作 7"。

7）在第 3 帧插入空白关键帧，根据动作 1 和动作 3 绘制出动作 2 的部件并将其组合，如图 5-126 所示动作，此为"动作 2"。

图 5-125　动作 7

图 5-126　动作 2

8）在第 7 帧插入空白关键帧，根据动作 3 和动作 5 绘制出动作 4 的部件并将其组合成动作 4，如图 5-127 所示。

9）将第 7 帧复制到第 15 帧，调整左右手脚的位置。把第 1 帧复制到第 17 帧，测试动画，人物正面跑的动画就做完了，如图 5-128 所示。

图 5-127　动作 4

图 5-128　最终效果

224

5.4.5 角色正面跑动画导出

在动画制作完成后，需要对人物动画进行导出，导出时一般类似这样的案例，需要导出 PNG 序列图，在导出序列图时尽量保持背景为白色，这样 PNG 序列图会把白色变为透明，方便后期角色合成使用。

5.5 案例：角色表情动画

逐帧动画是一种常见的动画形式，其原理是在"连续的关键帧"中分解动画动作，也就是在时间轴的每帧上逐帧绘制不同的内容，使其连续播放形成动画。因为逐帧动画的帧序列内容不一样，不但给制作增加了负担，而且最终输出的文件量也很大，但它的优势也很明显：逐帧动画具有非常大的灵活性，几乎可以表现任何想表现的内容，而它类似于电影的播放模式，很适合于表演细腻的动画。

下面制作卡通人物的吃惊表情，如图 5-129 所示。

本案例主要通过制作卡通人物吃惊表情讲解逐帧动画的具体操作流程。

图 5-129　卡通人物吃惊表情

5.5.1 前期准备

从表面上看，吃惊的表情无非是眉毛往上挑，眼睛睁大，嘴巴张开，但是制作由平常表情转换为吃惊表情的动画效果，就需要添加更多的动作细节。按照动画的制作原则，非常夸张的动作之前，最好有一个非常"不夸张"的准备动作，以便和后面的动作形成强烈的反差，从而吸引观众。

首先，整套动作应该设计一个大概的轮廓，即先是平静地看着，然后激动地跳起来大叫，最后是害怕地缩起来。表情设计草稿如图 5-130 所示。

图 5-130　表情草稿

5.5.2 逐帧动画绘制

1）打开 Adobe Flash CS6 软件，新建 Flash 文档。

2）选择"文件"→"保存"菜单命令，在弹出的"另存为"对话框中，在"文件名"组合框中输入"卡通人物吃惊表情"，单击"保存"按钮。

3）按〈Ctrl+R〉组合键导入"表情草图"图片，在场景中的"图层 1"上拖入"表情草图"图片并且锁定，新建"图层 2"，选择工具箱中的"线条工具"（注：将线条颜色先改为红色，以便与草图颜色区分，设置如图 5-131 所示），按照"表情草图"绘制第 1 帧中的表情，如图 5-132 所示。

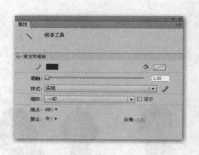

图 5-131 "线条工具"属性设置

图 5-132 绘制第 1 帧中的表情

4）第 1 帧中的轮廓绘制完成，在"属性"面板中将线条颜色改为"黑色#000000"，如图 5-133 所示。

5）选择工具箱中的"颜料桶工具"，给角色上颜色，如图 5-134 所示。

图 5-133 第 1 帧中的轮廓绘制

图 5-134 给角色上颜色

6）按〈F5〉键插入帧，按照上述方法绘制第二帧的表情，如图 5-135、图 5-136 所示。

图 5-135 第 2 帧中的轮廓

图 5-136 为第 2 帧中的图形上色

7）按〈F5〉键插入帧，按照上述方法绘制第 3 帧的表情，如图 5-137、图 5-138 所示。

226

图 5-137　第 3 帧中的轮廓

图 5-138　为第 3 帧中的图形上色

8）按〈F5〉键插入帧，按照上述方法绘制第 4 帧的表情，如图 5-139、图 5-140 所示。

图 5-139　第 4 帧中的轮廓

图 5-140　为第 4 帧中的图形上色

9）按〈F5〉键插入帧，按照上述方法绘制第 5 帧的表情，如图 5-141、图 5-142 所示。

图 5-141　第 5 帧中的轮廓

图 5-142　为第 5 帧中的图形上色

10）按〈F5〉键插入帧，按照上述方法绘制第 6 帧的表情，如图 5-143、图 5-144 所示。

图 5-143　第 6 帧中的轮廓

图 5-144　为第 6 帧中的图形上色

11）每个帧的表情绘制完成后，单击时间轴上的"绘图纸外观"按钮，调整各个帧表情的位置，如图 5-145、图 5-146 所示。

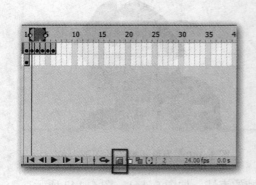

图 5-145　"绘图纸外观"按钮

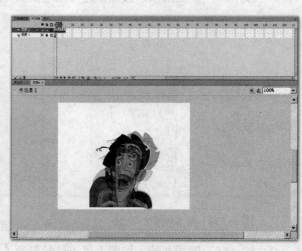

图 5-146　调整各个帧表情的位置

12）调整完成按〈Ctrl+Enter〉组合键测试效果。

第 6 章　Adobe Flash 视听处理

本章要点
- 声音导入与剪辑
- 镜头动画制作
- 导出与设置

　　视听语言中的声音是指运用人声、其他声响、音乐等声音反映现实生活所形成的综合听觉印象。在 Flash 中添加声音可以使创建的影片更加丰富，既可以从外部导入声音，也可以使用共享库中的声音文件。Flash 提供了多种使用声音的方法，可以使声音独立于时间轴连续播放，或使动画和一个音轨同步播放，还能够在按钮中添加声音，使按钮具有更强的互动性。Flash 对声音的支持非常出色，可以在 Flash 中导入各种声音文件来丰富作品。

　　Flash 影片主要是通过互联网进行发布和传播的，影片文件的大小会直接影响到其在网络上占用的空间、上传和下载的时间，以及播放的速度。因此在发布影片前应该对动画文件进行优化，减少文件的大小，提高显示的效果，并发布为合适的格式。在发布前，应该采用各种不同的方法对文档进行测试。

6.1　声音导入概念及剪辑

　　在 Flash 动画的制作过程中，常常需要用到各种声音：制作 MTV 需要音乐，制作按钮需要为按钮添加音效，制作游戏需要添加卡通音效，制作搞笑动画更需要搞笑的声音……有了声音的 Flash 动画更具生命力，更能吸引观众。本章将主要介绍声音的导入、使用和编辑方法。希望读者能在自己的动画中设计搭配合理的声音背景，使动画更加栩栩如生。

6.1.1　声音文件支持格式

　　声音对于动画来说是必不可少的。在 Flash 中搭配合适的音乐或音效，会给你的动画增色不少，使动画更加富有感染力。此外，还可以给按钮等元素配上音效，这样可以大大增加动画的交互性，使动画更加人性化。

　　(1) Flash 中的声音类型

　　Flash 中有两种声音类型：事件声音（event sounds）和数据流声音（data stream sounds）。
- 事件声音必须完全下载完毕之后才能开始播放并且是连续播放直到有明确的停止命令。
- 数据流声音则只要开始数据下载，就会立即开始播放，而且声音的播放同在网站播放的时间轴是同步的。

　　(2) 存储声音的文件格式
- WAV（仅限 Windows）。

- AIFF（仅限 Macintosh）。
- MP3（Windows 或 Macintosh）。

如果系统上安装了 QuickTime 4 或更高版本，则可以导入以下附加的声音文件格式：

- AIFF（Windows 或 Macintosh）。
- Sound Designer II（仅限 Macintosh）。
- 只有声音的 QuickTime 影片（Windows 或 Macintosh）。
- Sun AU（Windows 或 Macintosh）。
- WAV（Windows 或 Macintosh）。

当将声音导入到 Flash 时，如果声音的记录格式不是 11kHz 的倍数（例如 8kHz、32kHz 或 96kHz），则将会重新采样。如果要向 Flash 中添加声音效果，则最好导入 16 位声音。如果 RAM 有限，就使用短的声音剪辑或用 8 位声音而不是 16 位声音。

（3）在 Flash 中可以直接引用的常用声音

在 Adobe Flash CS6 中，可以直接引用的常用声音格式是 WAV 和 MP3 音频格式，下面分别介绍。

- MP3 是使用最为广泛的一种数字音频格式，很受广大用户的青睐，因为它是经过压缩的声音文件，体积很小，而且音质也不错。相同长度的音乐文件，用 MP3 格式来存储，其体积一般只有 WAV 文件的 1/10。虽然 MP3 经过了破坏性的压缩，但是其音质仍然大致接近 CD 的水平，比较清晰。这对于追求体积小、音质好的 Flash 动画来说，是最理想的一种声音格式。由于 MP3 体积小、音质好，而且传输方便，所以现在许多电脑音乐都以 MP3 格式出现。
- WMA 就是 Windows Media Audio 的缩写，是微软公司和 IBM 公司共同开发的个人电脑的标准声音格式。它和 Windows Midea Video 一样，经历了几代改良后，变得非常出色。它没有压缩数据，而是直接保存对声音波形的采样数据，所以音质一流，但缺点是体积很大，很占内存空间，这一缺点使得它在 Flash 动画中得不到广泛应用。

6.1.2 声音文件转换

在日常使用时，通常使用音频转换器来完成音频格式的转换，常用的音频转换格式工具有格式工厂、GoldWave 等。这些软件都内置很多编码，帮助用户进行音频格式之间的转换。

AVI 和 WAV 在文件结构上是非常相似的，不过 AVI 多了一个视频流。AVI 有很多种，因此经常需要安装一些 Decode 才能观看某些 AVI，比如 DivX 就是一种视频编码，AVI 可以采用 DivX 编码来压缩视频流，当然也可以使用其他的编码压缩。同样，WAV 也可以使用多种音频编码来压缩其音频流，不过我们常见的都是音频流被 PCM 编码处理的 WAV，WAV 只能使用 PCM 编码，MP3 编码同样也可以运用在 WAV 中，和 AVI 一样，只要安装好了相应的 Decode，就可以欣赏这些 WAV 了。

在 Windows 平台下，基于 PCM 编码的 WAV 是被支持得最好的音频格式，所有音频软件都能完美支持，由于本身可以达到较高的音质要求，因此，WAV 也是音乐编辑创作的首选格式，适合保存音乐素材。因此，基于 PCM 编码的 WAV 被作为了一种中介格式，常常使用在其他编码的相互转换之中，例如 MP3 转换成 WMA。

6.1.3 声音文件剪辑

在 Flash 里，声音剪辑是一个相对简单的事情，在进行剪辑之前要了解一些相关知识点。

1. 声音的构成

（1）人声：对白、独白、旁白、心声和解说

对白是影片中两个或两个以上人物之间的交谈。独白是人物在画面中对内心活动的自我表达。旁白是以画外音形式出现的第一人称的主观自述或第三人称的客观叙述或议论。心声是指以画外音形式表现人物内心活动的声音（包括非语言声）。解说是影片中以客观叙述者的角度直接用语言来解释画面，叙述介绍某些内容、某个事件或对某个问题发表议论的一种方式。

（2）音响：动作音响、自然音响、背景音响、机械音响、枪炮音响、特殊音响

动作音响是指人或动物行动所产生的声音，如走路声、开门声、打鼾声、哭、笑等。自然音响是指自然界中非人和动物行为所发生的声音。背景音响是指群众杂音。机械音响是指机械设备运转所发出的声音。枪炮音响是指使用各种武器、弹药爆炸发出的声音。特殊音响是指用人工方法模拟出来的非自然界音响。

（3）音乐

音乐是指为节目创作选择编配的主题音乐和背景音乐。主题音乐用以表达主题思想。背景音乐是指起陪衬作用的音乐，用以烘托节目的情绪和气氛。其中用于节目片名字幕的音乐为片头音乐，用于结尾的音乐为片尾音乐。

（4）录音

最简单的人声录音是用一个话筒录一个人的声音，让人的嘴直接对着话筒即可。

常规录音，嘴离开麦克风大概 20 厘米左右，而且要注意，唱（说话）的时候不要左右或前后晃动。这样可以保证我们在唱整首歌曲时音质统一。

录制具有亲切感的人声，人们可以在不使声音过度失真的前提下，有效利用"近讲效应"，使得录取的声音更加丰满，并且具有一定的亲切感。

录音环境和录取具有细节感的人声，给一个人声摆放两支或两支以上的麦克风来录取人声的不同细节，用一支麦克风对着人的嘴，用另一支麦克风对着人的喉头或以下部分。

录音可以按以下步骤进行：

1）首先把麦克风和电脑相连，为了避免干扰，建议在一个安静的屋子里面录音，同时关掉音响，以免音响干扰正常录音。

2）在 Windows 中选择"开始"菜单中的"所有程序"→"附件"→"娱乐"→"录音机"命令。

3）这个软件很简单，使用起来非常方便，对于个人录音来说，如果要求不高，就已经足够了，美中不足的是这个软件一次只能够录制 1 分钟，想要更长的话，就只能手动去调节了。录音机原始的画面，其中有红点的按钮就是录音键，用鼠标单击之后就可以开始录音。

2. 声音的剪辑处理

如果是自己制作，现在网络上有很多制作音乐的软件，如"作曲大师"软件。如果自己懂得一些音乐知识，就可以自己创作一些音乐来给动画配乐。可以多用没有版权的音乐，有些作曲爱好者，制作了一些音乐，没有拿去发布，而是放在网上自由流传，这对一些不懂音

乐知识的人提供了很大的帮助。拿来做一下改动，或者是完全不做改动直接使用，省去了自己编曲的麻烦。

　　Flash 自带编辑音频工具，给人们提供了比较好的声音编辑工具，打开 Flash，导入一段声音。然后把声音放到工作图层中。可以设置与画面的同步关系及声音是否循环。

　　📖　声音的剪辑与画面剪辑是完全不同的概念，必须认识到人耳的生理特征和声音的物理本性，才可能更好地掌握声音的剪辑技巧。

6.1.4　声音文件的导入

1．将声音导入到库中

1）选择"文件"→"导入"→"导入到库"菜单命令，如图 6-1 所示。

2）在弹出的"导入到库"对话框中，定位并打开所需的声音文件，如图 6-2 所示。

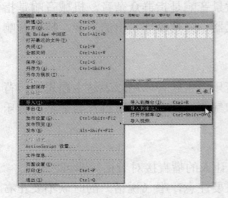

图 6-1　"导入到库"命令

图 6-2　"导入到库"对话框

3）单击"打开"按钮即可。

2．将声音添加到时间轴上

1）把需要添加的声音文件导入库中，如图 6-3 所示。

2）选择"插入"→"时间轴"→"图层"菜单命令，为声音创建一个层，如图 6-4 所示。

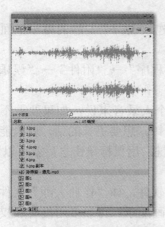

图 6-3　将声音文件导入库

图 6-4　为声音创建一个层

3）选定新建的声音层后，从"属性"面板中添加声音，单击"名称"下拉按钮，选择音乐文件，如图 6-5 所示。声音就添加到当前图层中。可以把多个声音放在同一图层上，或放在包含其他对象的图层上。但是，建议将每个声音放在一个独立的图层上。每个图层都作为一个独立的声音通道。当回放 SWF 文件时，所有图层上的声音就混合在一起。

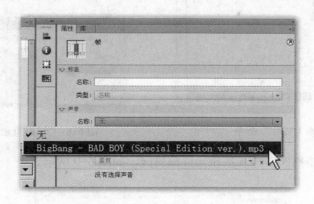

图 6-5　从"属性"面板添加声音

3．给按钮添加声音

在交互中，按钮是使用较多的一种元件。给按钮添加声音时，可给按钮的每一种状态添加一种声音，也可以为按钮的每一种状态添加同一种声音，但每帧对应的是一种声音。

给按钮添加的声音和按钮元件一起保存，所以当引用按钮元件时，也一同引用声音，而不必每次引用按钮时都给按钮添加声音，其操作步骤如下：

1）新建一个文件，用"文本工具"和"椭圆工具"在场景中绘制一个如图 6-6 所示的按钮。

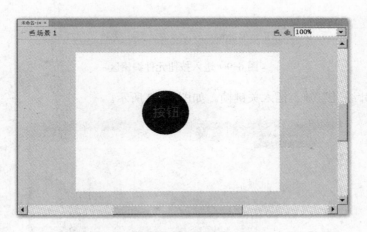

图 6-6　绘制按钮

2）用"选择工具"将椭圆选中，右击，选择"转换为元件"命令，或按〈F8〉键，如图 6-7 所示。打开"转换为元件"对话框，在"名称"文本框中输入相应的名称，如"声音按钮"，在"类型"下拉列表中选择"按钮"单选按钮，单击"确定"按钮，如图 6-8 所示。

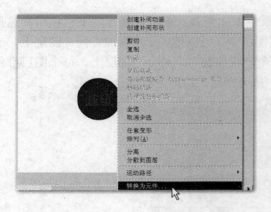

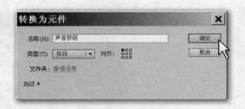

图 6-7 "转换为元件"命令　　　　　　　　　图 6-8 "转换为元件"对话框

3）在场景中双击椭圆，进入按钮元件编辑区，如图 6-9 所示。

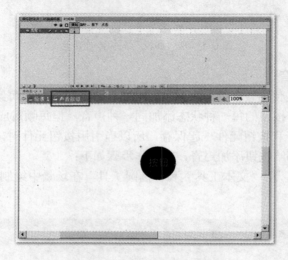

图 6-9　进入按钮元件编辑区

4）在"指针经过"帧上插入关键帧。如图 6-10 所示。

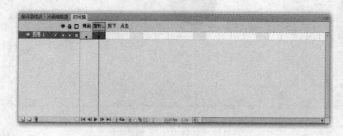

图 6-10　插入关键帧

5）选择"文件"→"导入"→"导入到库"菜单命令，导入声音文件。

6）在"属性"面板的"名称"下拉列表中选择导入的声音文件，即可给该关键帧加入音频文件，如图 6-11 所示。

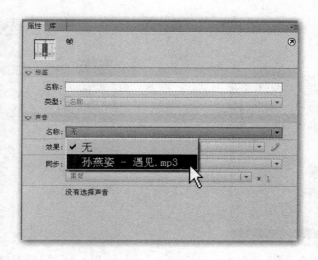

图 6-11　导入的声音文件

7）在"按下"帧上插入关键帧，用"选择工具"选取椭圆，将其颜色填充为"绿色"，如图 6-12 所示。

8）单击"场景 1"按钮，从编辑区切换到场景中，添加声音完成，按〈Ctrl+Enter〉组合键测试效果。

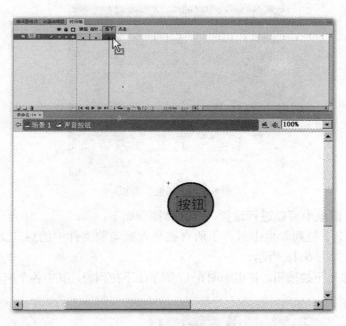

图 6-12　插入关键帧

4. 使用"发布设置"优化声音

选择"文件"菜单下的"发布设置"命令，如图 6-13 所示。弹出"发布设置"对话框，打开"Flash"选项卡，如图 6-14 所示。

图 6-13 "发布设置"命令

图 6-14 "发布设置"对话框

6.1.5 声音编辑

1. 在"属性"面板中编辑声音

选中包含声音文件的关键帧,"属性"面板变为如图 6-15 所示的效果。

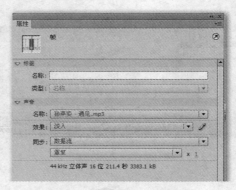

图 6-15 "属性"面板

在该"属性"面板中可以进行设置,其具体操作如下:

1)在"名称"下拉列表框中包含了所有被导入到当前文件中的声音文件,在其中可以选择需要的声音,如图 6-16 所示。

2)单击"效果"下拉按钮,弹出如图 6-17 所示的下拉列表,其中各个选项的含义如下:

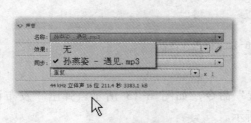

图 6-16 "声音"下拉列表框

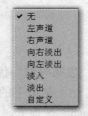

图 6-17 "效果"下拉列表框

236

- 无：播放声音时将不使用任何特殊效果。
- 左声道：只在左声道播放音频。
- 右声道：只在右声道播放音频。
- 从左到右淡出：让声音从左声道传到右声道。
- 从右到左淡出：让声音从右声道传到左声道。
- 淡入：使声音逐渐增大。
- 淡出：使声音逐渐减小。
- 自定义：选择该选项可以自己创建声音效果，并利用"编辑封套"对话框编辑声音。

3）在"同步"下拉列表框中可设置声音在浏览动画时的同步方式，如图 6-18 所示。其中各选项的含义如下：

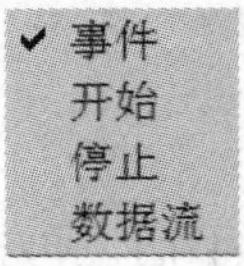

图 6-18 "同步"下拉列表框

- 事件：使声音与事件的发生合拍。当动画播放到声音的开始关键帧时，音频开始独立于时间轴播放，即使动画停止了，声音也要继续播放直至完毕。
- 开始：选择该选项后，即使当前声音文件正在播放，也会有一个新的相同的声音文件开始播放。
- 停止：停止播放指定的声音。
- 数据流：用于在互联网上播放流式音频。Flash 自动调整动画和音频，使它们同步。
- 对一些 Flash 动画，如 Flash MV 来说，声音与画面的同步效果显得十分重要，这时需要选择"数据流"选项。

Flash 强制动画和音频流同步。如果 Flash 不能足够快地绘制动画的帧，就跳过帧。与事件声音不同，音频流随着 SWF 文件的停止而停止。而且，音频流的播放时间绝对不会比帧的播放时间长。当发布 SWF 文件时，音频流混合在一起。音频流的一个实例就是动画中一个人物的声音在多个帧中播放。

如果使用 MP3 声音作为音频流，则必须重新压缩声音，以便能够导出。可以将声音导出为 MP3 文件，所用压缩设置与导入时设置相同。选择"重复"选项，输入一个值，可以指定声音循环次数，或者选择"循环"选项，以连续重复声音。要连续播放，请输入一个足够大的数，以便在扩展持续时间内播放声音。例如，要在 15 分钟内循环播放一段 15 秒的声音，输入 60。

2．在"编辑封套"对话框中编辑声音

在"属性"面板中单击 ✏ 按钮，如图 6-19 所示，打开如图 6-20 所示的"编辑封套"对话框，在该对话框中可以对声音进行编辑。

其具体操作如下：

1）在音频时间轴上按住鼠标左键拖动起点游标和终点游标，可以改变音频的起点和终点，如图 6-21 所示。

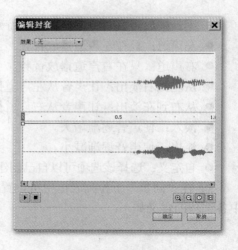

图 6-19 "编辑封套"按钮的位置 　　　　　　图 6-20 "编辑封套"对话框

　　2）在音频控制线上单击可添加控制手柄，再拖动音频图标上的控制手柄可以改变音频效果，如图 6-22 所示。

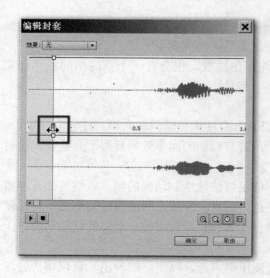

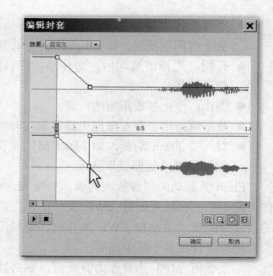

图 6-21 拖动游标 　　　　　　　　　　　　图 6-22 添加控制手柄

📖 音频时间轴上的一帧与场景中的一帧是相对应的，Flash 动画播放一帧，音频时间轴上的音频也会向后播放一帧。

　　3）单击 🔍 按钮或 🔍 按钮可以改变窗口内音频的显示效果。单击 🔍 按钮可以清楚地看到音频文件中的每一帧，单击 🔍 按钮可以大概了解音频文件的分布情况。如图 6-23 所示是单击 🔍 按钮后的效果，如图 6-24 所示是单击 🔍 按钮后的效果。

　　4）单击 🕐 按钮或 🔲 按钮可改变时间轴的单位。单击 🕐 按钮显示的单位为秒，单击 🔲 按钮显示的单位是帧。

　　5）编辑完成后单击 ▶ 按钮可测试声音效果。

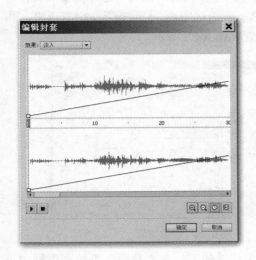
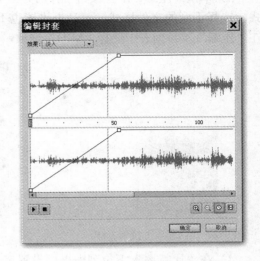

图 6-23　放大后的效果　　　　　　　　　　图 6-24　缩小后的效果

3．输出音频

　　音频的采样率和压缩率对动画的声音质量和文件大小起着决定性作用。压缩率越大、采样率越低，声音文件的体积就会越小，但是质量也更差。在输出音频时，可根据实际需要对其进行更改，而不能一味追求音质，否则可能会使动画"体态臃肿"，使下载速度缓慢。为音频设置输出属性的具体操作如下：

　　1）按〈F11〉键打开"库"面板。

　　2）右击要输出的音频文件，在弹出的快捷菜单中选择"属性"命令，如图 6-25 所示，打开"声音属性"对话框，如图 6-26 所示。

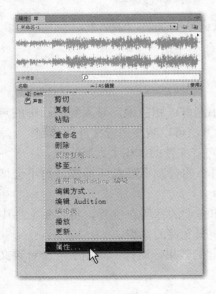

图 6-25　选择"属性"命令　　　　　　　图 6-26　"声音属性"对话框

3）单击"压缩"下拉按钮，弹出如图 6-27 所示的下拉列表，在其中选择需要的文件格式。选择不同的文件格式，对话框设置也不同，这里取消选中 □使用导入的 MP3 品质 复选框，再在"压缩"下拉列表中选择"MP3"选项，具体设置如图 6-28 所示。

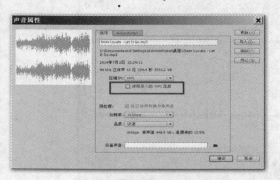

图 6-27　"压缩"下拉列表框

图 6-28　参数设置

4）在"比特率"下拉列表框中设置声音的最大传输速率，在"品质"下拉列表框中设置品质高低，如图 6-29、图 6-30 所示。

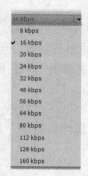

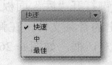

图 6-29　"比特率"下拉列表

图 6-30　"品质"下拉列表

5）单击 测试(T) 按钮测试音频效果，单击 测试(T) 按钮停止播放。

6）单击 确定 按钮完成输出设置。

4. 压缩声音文件

Flash 动画总是要求在质量优良的前提下，体积越小越好，相应地，导入到动画中的声音文件也应越小越好。在 Adobe Flash CS6 中有以下几种方法可以减小声音文件的体积：

● 增大声音文件的压缩率，降低其采样率，可以使声音文件的体积大大减小。

● 在"属性"面板中设置循环效果，可以使体积很小的音频不断循环播放，而不会增大体积，从而形成背景音乐。

● 在"编辑封套"对话框中设置音频的起点游标和终点游标所在位置，将音频文件中的无声部分从 Flash 文件中删除，可以适当减小声音文件的体积。

在不同的关键帧上尽量使用相同的音频，并设置不同的效果，这样，只用了一个音频文件就可设置多种声音，能大大减小文件的体积。

5. 用 ActionScript 语句调用声音

Flash 提供了强大的脚本编辑功能，几乎能与一些专门的编程语言相媲美，在多媒体方面可谓更胜一筹，用 Flash 脚本语言调用声音，无论是效果还是灵活性都很好。

（1）加入声音

● 导入外部声音，按〈Ctrl+L〉组合键，弹出"库"面板，选中导入的声音，右击，在弹出的快捷菜单中选择"链接"命令，弹出"链接属性"对话框，先选中"为动作脚本导出"复选框，此时对话框上部的"标识符"文本框将变得可用，在其中输入其标识名，在此假设输入"sd"，此标识将在程序中作为该声音的标志，故多个声音不得使用同一个标识符。

在 Flash 时间轴上的第一帧输入以下语句：

```
mysong = new Sound()
mysong.attachSound("sd")
```

以上语句先定义一个声音事件 mysong，再用 mysoung.attachSound("sd")语句将库中的声音附加到此声音事件上。

（2）声音的播放与停止

● 在需要播放的帧上加入"mysong.start()"语句可让声音播放。

● 需要停止时，加入"mysong.stop()"语句则可。

（3）调用外部声音文件

Flash 可以在播放时动态加载外部 MP3 文件，此方法既为多媒体设计提供了更大的灵活性，也能有效地减小作品所占的磁盘空间。实现方法如下（假设同目录下有 music.mp3 文件）：

```
mysong=new Sound()
mysong.loadSound("music.mp3",false)
```

📖 第一行语句建立一个声音事件或声音流，第二行将 music.mp3 加载到声音事件或声音流上，loadSound()语句中的 false 为可选参数，为 false 时表示 mysound 为声音事件，为 true 时表示 mysound 为声音流，建议使用声音事件，以便于控制；如果使用声音流，则声音停止后将不能再用 mysond.start()播放。

（4）声音循环播放

前面介绍过，在时间轴上设置关键帧的声音同步属性为 Event 时，输入足够大的循环次数，可使声音产生类似循环播放的效果，但是，这种循环仅是类似而已，一是次数再多，总有播放完毕的时候；二是一旦停止，就很难再次播放。下面，向大家介绍一种用代码实现的真正循环，而且，还可用一个按钮实现声音的播放及停止切换，想播就播，想停就停。

可在时间轴的第一帧加入如下代码：

```
mysong = new Sound()
mysong.attachSound("sd")
mysong.onSoundComplete = function() {
mysong.start()
```

6.1.6 案例：MTV 字幕

本案例制作 MTV 字幕——遇见，如图 6-31 所示。

图 6-31 遇见 MTV

1. 准备工作

动手之前要熟悉音乐、构思、加入创意。第一，确定要制作的是以图片为画面的 MTV。第二，下载好《遇见》这首歌的歌词和 MP3 文件，反复听，熟悉内容。最后，选用了新海诚的《秒速五厘米》中的唯美画面作为背景，如图 6-32、图 6-33、图 6-34 所示。

图 6-32 下载 MP3 文件

图 6-33 收集图片

2. 音乐

1）打开 Flash，按〈Ctrl+R〉组合键导入音乐，如图 6-35 所示。

图 6-34 《遇见》歌词

图 6-35 导入音乐

242

2）双击图层名称，将其改为"音乐"，如图 6-36 所示。

3）按〈Ctrl+L〉组合键打开"库"面板，右击音乐元件，选择"属性"命令，改为 MP3、16kbps、快速，如图 6-37、图 6-38 所示。

4）将音乐元件拖入场景。

5）单击时间轴中的第 1 帧，在"属性"面板中选择"声音"选项组，将"同步"设为"数据流"，如图 6-39 所示。

6）增加帧（先可以少量增加，以后再添），在第 20 帧处右击，选择"插入帧"命令，如图 6-40 所示。

图 6-36　改为"音乐"

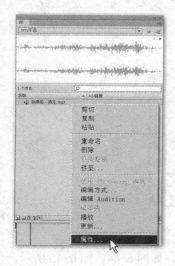

图 6-37　选择"属性"命令

图 6-38　修改音乐属性

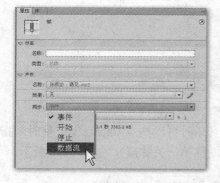

图 6-39　将"同步"设为"数据流"

图 6-40　增加帧

3. 画面

画面可以自己在 Flash 中用鼠标绘制，也可以导入其他现有的图片，在这里介绍一下导入图片的 MTV 的制作：

1）按〈Ctrl+F8〉组合键新建一个图形元件，命名为"图 1"，如图 6-41 所示。

2）按〈Ctrl+R〉组合键导入图片，如图 6-42 所示。

图 6-41　新建一个图形元件

图 6-42　导入图片

3）单击"场景 1"回到主场景，如图 6-43 所示。

图 6-43　回到主场景

4）增加一个图层，命名为"图 1"，将时间指针移到第 1 帧，如图 6-44、图 6-45 所示。

图 6-44　新建图层

图 6-45　将时间滑块移到第一帧

5）按〈Enter〉键听音乐，在听到想要插入图片的音乐时再次按〈Enter〉键，使时间指针停止，并在该帧处右击，选择"插入关键帧"命令（后面称第一关键帧），如图 6-46 所示。

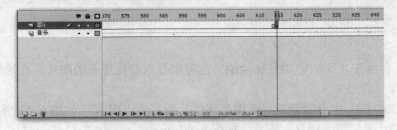

图 6-46　插入关键帧

6）从"库"面板中将"图1"元件拖入场景，并调整位置，如图6-47所示。

图6-47　将"图1"元件拖入场景

7）按〈Enter〉键继续听音乐，在听到想要移除图片的音乐时再次按〈Enter〉键，使时间指针停止，并在该帧处右击，选择"插入关键帧"命令（后面称第 2 关键帧）。在此关键帧后面一帧右击，选择"插入空白关键帧"命令。回到第 2 关键帧进行调整，如图 6-48、图 6-49 所示。

图6-48　插入关键帧

图6-49　插入空白关键帧

8）回到第 1 关键帧，在"属性"面板中调整效果及"帧"面板中的各选项，再次对"图1"元件的动画效果进行修饰，如图 6-50、图 6-51 所示。

图 6-50 "属性"面板   图 6-51 帧的"属性"面板

9）回到第 2 关键帧，重复上步操作的动作，修饰第 2 关键帧。重复前面的步骤，制作其余的镜头。

4．歌词

新建多个图层（根据需要添加图层），如图 6-52 所示。将时间指针移到第 1 帧，按〈Enter〉键听音乐，并根据音乐插入关键帧，用"文本工具"输入歌词，如图 6-53 所示。歌词效果可以动用字体特效使 MTV 更加生动活泼，可以在"属性"面板中调整效果，如"滤镜"下的"渐变发光"效果等，如图 6-54 所示。画面最终完成效果，如图 6-55 所示。

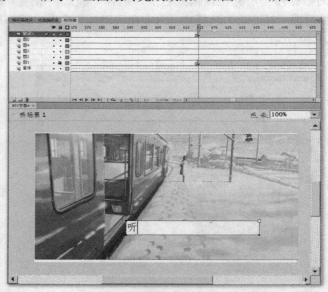

图 6-52 新建"歌词 1"图层   图 6-53 填入歌词

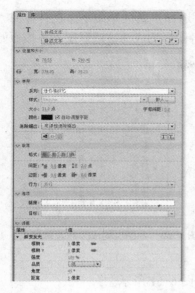

图 6-54 "属性"面板中调整效果

图 6-55 效果完成

5. 整理

1）加一个总罩，新增一个图层，命名为"总罩"，并移至最上层，如图 6-56 所示。

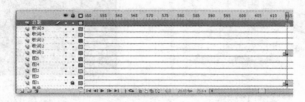

图 6-56 加一个"总罩"图层

2）选择"矩形工具"画一个长方形，调整其大小与影片尺寸相同或略小一点，如图 6-57 所示。

3）右击该图层名"总罩"，选择"遮罩层"命令，如图 6-58 所示。

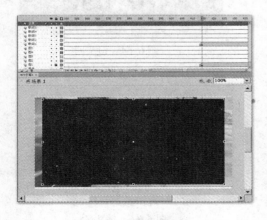

图 6-57 画一长方形

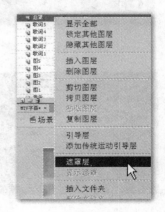

图 6-58 改为"遮罩层"

4）将各图层移至"总罩"图层下面，右击各图层，选择"属性"命令，在打开的"图层属性"对话框中改为"被遮罩"，如图 6-59 所示。使各图层均成为被遮罩层，再按原始次序排列好，如图 6-60 所示。

图 6-59 "图层属性"对话框   图 6-60 各图层均成为被遮罩层

6. 测试

1）按〈Ctrl+Enter〉组合键测试影片。测试窗口，如图 6-61 所示。

2）其他镜头效果，如图 6-62、图 6-63、图 6-64、图 6-65、图 6-66 所示。

图 6-61 测试窗口效果   图 6-62 镜头二

图 6-63 镜头三   图 6-64 镜头四

图 6-65 镜头五   图 6-66 镜头六

248

6.2 镜头动画制作

Flash 动画本身没有镜头运动的方式，是靠改变其元件来模拟镜头运动效果的。本节主要介绍 Flash 动画镜头的使用技巧。

6.2.1 镜头的建立

1. 摇镜头

（1）摇镜头

摇镜头技巧的拍摄方式是摄像机的位置不动，只变动镜头的拍摄方向。这非常类似于人站着不动，通过转动头部来观看事物。当摇镜头时，摄像机的镜头在场景中从一个方向移到另一个方向，可以是从左到右摇，或从右到左摇，也可以是从上到下摇，或者从下到上摇，如图 6-67 所示。

（2）制作摇镜头

摇镜头其实是传统摄像的一种方法，镜头被固定在了一个点上，通过转动摄像机镜头，也就是由一个点开始转动摄像机进行拍摄，如图 6-68 所示。

图 6-67　摇镜头

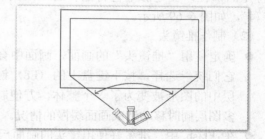

图 6-68　摇镜头示意图

在 Flash 软件中制作摇镜头，首先要从背景画面入手，通过画面模仿摄像机在固定点转动拍摄的效果。在绘制画面时，要注意一定的透视，比如画面的两端点进行延长可以实现交叉的两点透视。

在准备好了这样的画面后，就可以在移动主体的同时，移动背景画面，从而制作摇镜头了。

摇镜头制作要求较高，需要有一定的美术功底，因为不仅背景需要有透视效果，背景前的主体也需要有不同的角度，"主体"和"背景"两个图层同时运动，在 Flash 中才产生了"摇镜头"的效果。

（3）摇镜头的画面特点

● 摇镜头犹如人们转动头部环顾四周或将视线由一点移向另一点的视觉效果。

● 一个完整的摇镜头包括起幅、摇动、落幅 3 个相互贯连的部分。

● 一个摇镜头从起幅到落幅的运动过程，迫使观众不断调整自己的视觉注意力。

（4）摇镜头的功能和表现力

● 展示空间，扩大视野。

● 有利于通过小景别画面包容更多的视觉信息。

● 能够介绍、交待同一场景中两个主体的内在联系。

- 利用性质、意义相反或相近的两个主体，通过摇镜头把它们连接起来表示某种暗喻、对比、并列、因果关系。
- 在表现 3 个或 3 个以上主体或主体之间的联系时，镜头摇过时或做减速、或做停顿，以构成一种间歇摇。
- 在一个稳定的起幅画面后利用极快的摇速使画面中的形象全部虚化，以形成具有特殊表现力的甩镜头。
- 便于表现运动主体的动态、动势、运动方向和运动轨迹。
- 对一组相同或相似的画面主体用摇的方式让它们逐个出现，可形成一种积累的效果。
- 可以用摇镜头摇出意外之影像，制造悬念，在一个镜头内形成视觉注意力的起伏。
- 利用摇镜头表现一种主观性镜头。
- 利用非水平的倾斜摇、旋转摇表现一种特定的情绪和气氛。
- 摇镜头也是画面转场的有效手法之一。

2．推镜头

（1）推/拉镜头

推镜头是指将镜头从远处推向物体的近处，以观察某个特定的部位，在电影中也将这种近处拍摄的方式称为"特写"，如图 6-69 所示。

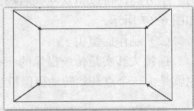

图 6-69　推镜头示意图

（2）制作推镜头

- 确定使用"推镜头"的画面，画面中会有很多图形，比如人物和一些场景，可以将它们统一选择，按下键盘上的〈F8〉键转换为一个图形元件，很多图层或同一个图层中的图形被变为了一个整体，方便制作各种镜头方式的动画，这样制作避免了很多图层同时移动造成画面缓慢的情况。
- 在 Flash 中，准备好使用镜头的画面后，就可以制作一个"推镜头"了，如第 1 帧中，人物（例子中的图来自《龙猫》中的画面）在画面中的显示非常小，如图 6-70 所示。在第 20 帧按〈F6〉键插入关键帧，使用"任意变形工具"将画面调整大一些，画面中人物的显示比例也随着变大了，如图 6-71 所示。

图 6-70　第 1 帧画面

图 6-71　第 20 帧画面

- 在第 1 帧到第 20 帧之间添加补间动画,在时间轴上右击添加传统补间。这样画面由小变大,画面中的物体也随之变大了,这就是"推镜头"的表现方法,效果如图 6-72 所示。

(3)推镜头的功用和表现力

- 突出主体人物,突出重点形象。

图 6-72 推镜头效果

推镜头在将画面推向被摄主体的同时,取景范围由大到小,随着次要部分不断移出画外,所要表现的主体部分逐渐"放大"并充满画面,因而具有突出主体人物、突出重点形象的作用。

- 突出细节,突出重要的情节因素。

推镜头能够从一个较大的画面范围和视域空间起动,逐渐向前接近这一画面和空间中的某个细节形象,这一细节形象的视觉信号由弱到强,并通过这种运动所带来的变化引导了观众对这一细节的注意。在推镜头中,观众能够看到起幅画面中的事物整体和落幅画面中的有关细节,并能够感知到细节与事物的联系和关系,这正弥补了单一的细节特写画面的不足。

- 在一个镜头中介绍整体与局部、客观环境与主体人物的关系。
- 推镜头在一个镜头中景别不断发生变化,有连续前进式蒙太奇句子的作用。蒙太奇句子指的是在电影、电视镜头组接中,由一系列镜头经有机组合而成的逻辑连贯、富于节奏、含义相对完整的影视片段,我们称之为句子,一般也叫蒙太奇句子。一个蒙太奇句子通常表现一个单位的任务或一个完整的动作,一个事件的局部,能说明一个具体的问题,是镜头组接中组织素材、揭示思想、塑造形象的基本单位。

前进式蒙太奇组接是一种大景别逐步向小景别跳跃递进的组接方式,它对事物的表现有步步深入的效果和作用。

- 推镜头推进速度的快慢可以影响和调整画面节奏,从而产生外化的情绪力量。
- 推镜头可以通过突出一个重要的戏剧元素来表现特定的主题和含义。
- 在影视剧中,推镜头能够通过画面语言的独特造型形式突出地刻画那些引发情节和事件减弱运动主体的动感。
- 推镜头可以加强或减弱运动主体的动感。

3. 拉镜头

(1)拉镜头

拉镜头是指将镜头从近处推向物体的远处,逐渐向观众展示物体的全部景象,如图 6-73 所示。相机镜头推出去后,物体在画面中会变得很大很满,这时若想照一个物体的全景,让物体在画面中小一点,多照一点物体周围的场景,这时就需要将镜头拉回来,或者让镜头回到原位,这种画面由大变小的过程就是"拉镜头"。在

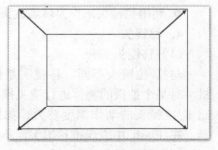

图 6-73 拉镜头示意图

Flash 中,则必须通过缩小舞台上的影像来显示更多图像的方式来表现这种拉镜头效果。

(2)制作拉镜头

- 确定使用"拉镜头"的画面,画面中会有很多图形,比如人物和一些场景,可以将

他们统一选择，按下键盘上的〈F8〉键转换为一个图形元件，很多图层或同一个图层中的图形被变为了一个整体，方便制作各种镜头方式的动画，这样制作避免了很多图层同时移动造成画面缓慢的情况。

● 在 Flash 中，准备好使用镜头的画面后，就可以制作一个"拉镜头"了，制作"拉镜头"首先确认画面够大，这样在制作"拉镜头"图片由大变小的时候才不会出现穿帮。在第 1 帧中将制作"拉镜头"的画面按〈F8〉键转换为图形元件，保证舞台外的画面够大，足够制作画面缩小的范围，然后在第 20 帧按下键盘上的〈F6〉键插入关键帧，使用"任意变形工具"将图形调整小一些。

● 在第 1 帧到第 20 帧之间添加补间动画，通过右击时间轴添加传统补间。这样画面由大变小，画面中的物体也随之变小了，但是观看的视野开阔了，同等的区域所见到的物体多了，就是"拉镜头"的表现方法。

（3）拉镜头的画面特点

● 拉镜头形成视觉后移效果。

● 拉镜头使被摄主体由大变小，周围环境由小变大。

（4）拉镜头的功能和表现力

● 拉镜头有利于表现主体和主体与所处环境的关系。

● 拉镜头画面的取景范围和表现空间是从小到大不断扩展的，使得画面构图形成多结构变化。

● 拉镜头是一种纵向空间变化的画面形式，它可以通过纵向空间和纵向方位上的画面形象形成对比、反衬或比喻等效果。

● 一些拉镜头以不易推测出整体形象的局部为起幅，有利于调动观众对整体形象逐渐出现直至呈现完整形象的想象和猜测。

● 拉镜头在一个镜头中景别连续变化，保持了画面表现空间的完整和连贯。

● 拉镜头内部节奏由紧到松，与推镜头相比，较能发挥感情上的余韵，产生许多微妙的感情色彩。

● 拉镜头常被用作结束性和结论性的镜头。

● 利用拉镜头来作为转场镜头。

4．移镜头

（1）移镜头

与推/拉镜头不同，移镜头是把握住摄像机，对某个拍摄的物体进行镜头推移的过程，比推/拉镜头的动作幅度要大，如图 6-74 所

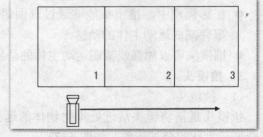

图 6-74　移镜头示意图

示。在 Flash 中表现推移镜头，不但需要对元件进行放大或缩小的变化，还必须对某个片段中的所有元素采取不同速度的处理，离镜头越近的物体移动的速度就越快。

（2）制作移镜头

● 确定使用"移镜头"的画面，画面中会有很多图形，比如人物和一些场景，可以将它们统一选择，按下键盘上的〈F8〉键转换为一个图形元件，很多图层或同一个图层中的图形被变为了一个整体，方便制作各种镜头方式的动画，这样制作避免了很

多图层同时移动造成画面缓慢的情况。

● 制作移镜头的画面，首先就要求画面要长一些，不管是从上到下"移镜头"，还是从左到右"移镜头"，都要求制作"移镜头"的"画面"要长一些。

● 如果制作一个从左到右的"移镜头"，在第 1 帧中，可以看到画面很长，右面舞台外有很长的一段画面在等候入场，如图 6-75 所示。在第 20 帧中，将舞台右面在舞台外的画面移动到舞台内，如图 6-76 所示。

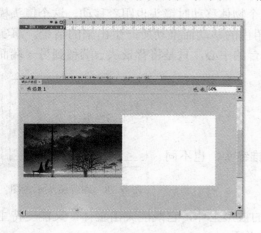

图 6-75　第 1 帧画面

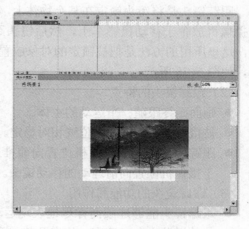

图 6-76　第 20 帧画面

● 在第 1 帧到第 20 帧之间添加补间动画，通过右击时间轴添加传统补间，如图 6-77
所示。添加完补间动画后，画面开始向右进行移动了，随着移动可以看到舞台外的画面内容，这样的画面从一点到另一点的移动，就是"移镜头"。

传统的拍摄方法，"移镜头"就是镜头的移动，但在 Flash 动画的表现中，要通过"画面"的长度来表现这种移动。

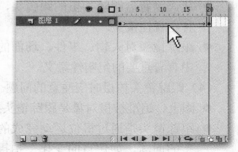

图 6-77　添加传统补间

（3）移动镜头的画面特征

● 摄像机的运动使得画面框架始终处于运动之中，画面内的物体不论是处于运动状态还是处于静止状态，都会呈现出位置不断移动的态势。

● 摄像机的运动，直接调动了观众生活中运动的视觉感受，唤起了人们在各种交通工具上及行走时的视觉体验，使观众产生一种身临其境之感。

● 移动镜头表现的画面空间是完整而连贯的，摄像机不停地运动，每时每刻都在改变观众的视点，在一个镜头中构成一种多景别多构图的造型效果，这就起着一种与蒙太奇相似的作用，最后使镜头有了它自身的节奏。

（4）移动镜头的作用和表现力

● 移动镜头通过摄像机的移动开拓了画面的造型空间，创造出了独特的视觉艺术效果。

● 移动镜头在表现大场面、大纵深、多景物、多层次的复杂场景时具有气势恢宏的造型效果。

- 移动摄像可以表现某种主观倾向，通过有强烈主观色彩的镜头表现出更为自然生动的真实感和现场感。
- 移动摄像摆脱定点拍摄后形成多样化的视点，可以表现出各种运动条件下的视觉效果。

5．跟踪镜头

（1）跟踪镜头

跟踪镜头是将镜头锁定在某个物体上，当这个物体移动时镜头也跟着移动。这个镜头模仿摄像机放置于移动摄影车上，然后镜头跟着角色的移动而推动所产生出来的情景。事实上，这里所用的方法是把被锁定的对象放置于舞台的中心，只是将背景从一端移到另一端而已，如图 6-78 所示。

（2）跟踪镜头的特点

- 画面始终跟随一个运动的主体。
- 被摄对象在画框中的位置相对稳定。
- 跟踪镜头不同于摄像机位置向前推进的推镜头，也不同于摄像机位置向前运动的移动镜头。

图 6-78　跟踪镜头示意图

（3）跟踪镜头的功能和作用

- 跟踪镜头能够连续而详尽地表现运动中的被摄主体，它既能突出主体，又能交待主体的运动方向、速度、体态及其与环境的关系。
- 跟踪镜头跟随被摄对象一起运动，形成一种运动的主体不变、静止的背景变化的造型效果，有利于通过人物引出环境。
- 从人物背后跟随拍摄的跟镜头，由于观众与被摄人物视点的同一性，可以表现出一种主观性镜头。
- 跟踪镜头对人物、事件、场面的跟随记录的表现方式，在纪实性节目和新闻的拍摄中有着重要的纪实性意义。

（4）跟踪镜头拍摄时应注意的问题

- 跟上、追准被摄对象是跟踪镜头拍摄基本的要求。
- 跟踪镜头是通过机位运动完成的一种拍摄方式，镜头运动起来所带来的一系列拍摄上的问题，如焦点的变化、拍摄角度的变化、光线入射角的变化，也是跟踪镜头拍摄时应考虑和注意的问题。

6．甩镜头

甩镜头是在 Flash 动画里最常见的镜头，很多 Flash 动画的转场都会采用甩镜头的技巧，摄像机突然从一个拍摄点甩到另一个拍摄点，在这个过程中物体会模糊变形，如图 6-79 所示。

7．晃动镜头

晃动镜头效果，摄像机做左右上下晃动，比较适合用作主观镜头，在表现跑步、汽车、动作时可以得到非常好的效果。

如图 6-80 所示，画面在镜头的范围内做上下左右移动，达到晃动的效果，如巨石落地，落地时，地面会上下运动，这个运动过程就称为晃动镜头。

除了上述介绍的镜头外，还有升降镜头、旋转镜头等，用户可以根据需要灵活变换镜头的表现方式，创造出更多更好的镜头效果。

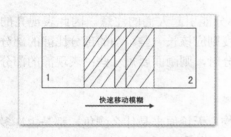

图 6-79　甩镜头

图 6-80　晃动镜头

6.2.2　镜头切换方式

由一个画面直接转到下一个画面，是电影电视常用的转换镜头的方式，为了避免画面枯燥，一般 3～5 秒切一次镜头。

（1）镜头的组接

镜头的组接必须符合观众的思想方式、生活的逻辑、思维的逻辑。

（2）景别的变化规律

景别的变化要采用"循序渐进"的方法。景别如图 6-81 所示。

- 前进式句型：全景—中景—近景—特写。用来表现由低沉到高昂向上的情绪和剧情的发展。
- 后退式句型：特写—近景—中景—远景。表示由高昂到低沉、压抑的情绪。
- 环行句型：全景—中景—近景—特写，再由特写—近景—中景—远景。

（3）镜头组接中的拍摄方向及轴线规律

"轴线规律"是指在拍摄的时候，如果摄像机的位置始终在主体运动轴线的同一侧，那么构成画面的运动方向、放置方向都是一致的，否则应是"跳轴"了，跳轴的画面除了特殊的需要以外是无法组接的，如图 6-82 所示。

图 6-81　景别示意图

图 6-82　轴线规律

（4）镜头组接的规律

镜头组接要遵循"动从动""静接静"的规律。

（5）镜头组接的时间长度

每个镜头的停滞时间长短，首先根据要表达内容的难易程度、观众的接受能力来决定，其次还要考虑到画面构图等因素。

由于画面选择景物不同，包含在画面中的内容也不同。远景、中景等镜头大的画面包含的内容较多，观众需要看清楚这些画面上的内容，所需要的时间就相对长一些，而对于近景、特写等镜头小的画面，所包含的内容较少，观众只需要短时间即可看清，所以画面停留时间可短一些。画面亮度大的部分比亮度暗的部分能引起人们的注意。因此表现亮的部分时，长度应该短一些，如果要表现暗部分，则长度则应该长一些。动的部分比静的部分先引起人们的视觉注意，因此如果重点要表现动的部分时，则画面要短一些；表现静的部分时，则画面持续长度应该稍微长一些。

（6）镜头组接的影调色彩要统一

影调是指以黑的画面而言。黑的画面上的景物，无论原来是什么颜色，都是由许多深浅不同的黑白层次组成软硬不同的影调来表现的。对于色彩画面而言，除了一个影调问题还涉及色彩问题。无论是黑白还是色彩画面组接都应保持影调色彩的一致性。如果把明暗或者色彩对比强烈的两个镜头组接在一起（除了特殊的需要外），就会使人感到生硬和不连贯，影响内容通畅表达。

（7）镜头组接节奏

- 停止—慢速—快速或快速—慢速—停止，这种渐快或渐慢的速度变化可以使动作的节奏感比较柔和。
- 快速—突然停止或快速—突然停止—快速，这种突然性的速度变化可以使动作的节奏感比较强烈。
- 慢速—快速—突然停止，这种由慢渐快而又突然停止的速度变化可以形成一种"突然性"的节奏感。

（8）转场

1）无技巧转场。

- 两级镜头转场：前一个镜头的景别与后一个镜头的景别恰恰是两个极端。前一个是特写，后一个是全景或远景；前一个是全景或远景，后一个是特写。
- 同景别转场：前一个场景结尾的镜头与后一个场景开头的镜头景别相同。
- 特写转场：无论前一组镜头的最后一个镜头是什么，后一组镜头都从特写开始。
- 声音转场：用音乐、音响、解说词、对白等和画面的配合实现转场。
- 空镜头转场：空镜头是指一些以刻画人物情绪、心态为目的，只有景物，没有人物的镜头。
- 封挡镜头转场：封挡是指画面上的运动主体在运动过程中挡死了镜头，使得观众无法从镜头中辨别出被摄物体对象的性质、形状和质地等物理性能。
- 相似体转场：非同一个但同一类或非同一类但有造型上的相似性。
- 出画入画：前一个场景的最后一个镜头走出画面，后一个场景的第一个镜头主体走入画面。

2）技巧转场。

- 淡入—淡出：用于大段落之间的转换，有明显的间隔作用。一般长度为一秒半或两秒。
- 缓淡—减慢：强调抒情、思索、回忆等情绪，可以放慢渐隐速度或添加黑场。
- 闪白—加快：掩盖镜头剪辑点的作用，增加视觉跳动。
- 叠化：前一个镜头逐渐模糊到消失，后一个镜头逐渐清晰，直到完全显现。
- 翻转：画面以屏幕中线为轴转动，前一段落为正面画面消失，而背面画面转到正面开始另一画面。翻转用于对比性或对照性较强的两个段落。
- 主观镜头转场：前一个镜头是人物去看，后一个镜头是人或物所看到的场景。

6.3 导出与设置

6.3.1 优化

在输出和发布动画前最好先优化动画，使动画体积达到最小，下面介绍常用的优化方法。

1．影片本身优化

1）重复出现对象尽量使用元件，通过实例变形或调整实例颜色、透明度的办法产生多种变化。

2）尽量使用补间动画，少做逐帧动画。

3）将变化的元素与不变元素分布在不同图层。

4）多使用组合，少使用位图动画。

5）尽量限制每个关键帧上的变化区域，使交互动作的作用区尽可能小。

6）音乐尽量使用 MP3 格式。

2．文字优化

1）尽量使用系统默认字体。

2）常用默认字体为：_sans、_serif 和_typewriter，选用默认字体可有效避免乱码或模糊现象。

3）减少文本使用的字体数量，字号和颜色数也要少。

4）少用嵌入字体，即使选用也选择只包括需要的字符而不是整个字体。

5）遮罩层下不能使用设备字体，尽量转换为元件。

6）尽量避免打散字体，因为图形比文字体积大。

3．优化线条

1）尽量使用实线，少用虚线、折线等特殊线条。

2）用“铅笔工具”绘制出的线条要比刷子小。

3）使用“修改”→“形状”→“优化”菜单命令优化线条，尽量减少直线和曲线拐角数量。

4．优化图形颜色

1）尽量使用“属性”面板的实例颜色来产生不同颜色。

2）慎用渐变色，每个渐变色多占大约 50 字节。

3）Alpha 透明度亦会加大文件体积。

4）柔化边缘、扩展填充、转换线条等也会加大体积。

6.3.2 测试

测试是创建动画时一个非常重要的步骤，它贯穿于整个 Flash 动画的制作过程，用户在制作各个元件和动画片段时，应该经常进行测试，以提高动画的质量。

1．在编辑环境中进行测试

在编辑环境中能快速地进行一些简单的测试，由于测试任务繁重，编辑环境不是用户的首选测试环境。

（1）测试按钮状态

制作完的按钮元件会出现在"库"面板中，用户可以单击"播放"按钮，测试按钮在弹起、指针经过、按下和单击状态下的外观，如图 6-83 所示；还可以选择"控制"→"启用简单按钮"菜单命令来测试按钮的状态，如图 6-84 所示。

图 6-83　测试按钮

图 6-84　"启用简单按钮"命令

（2）测试声音

在一些 MTV 中，经常需要音乐与相应的文本同步出现，这时通常采用数据流同步声音。若要对声音进行同步效果测试，可以选择"窗口"→"工具栏"→"控制器"菜单命令，打开"控制器"面板，如图 6-85 所示，单击要测试声音的起始位置，然后分别单击"控制器"面板中的"播放"按钮和"停止"按钮等。

图 6-85　"控制器"面板

📖　还有一种简单的方式，单击要测试声音的起始位置，然后按〈Enter〉键直接测试，当需要停止时，只需用鼠标单击"时间轴"面板中的其他位置即可。

（3）测试帧动作

在编辑环境中，用户还可以测试简单的帧动作，如 goto、play 和 stop 等。若要测试动画中的帧动作，必须先选择"控制"→"启用简单帧动作"菜单命令，如图 6-86 所示。然后单击添加了简单动作的帧，按〈Enter〉键或单击"控制器"面板中的"播放"按钮，如图 6-87 所示。

图 6-86　"启用简单帧动作"命令

图 6-87　"控制器"面板测试帧动作

（4）测试时间轴动画

在制作完时间轴动画（例如逐帧动画或补间动画等）之后，应及时测试这部分动画片段是否流畅。若要测试时间轴动画，只需单击动画的起始位置，然后按〈Enter〉键即可。

2. 在编辑环境外进行测试

在编辑环境中的测试是有限的。若要评估影片剪辑、动作脚本或其他重要的动画元素，必须在编辑环境之外进行。

可以选择"控制"→"测试影片"/"测试场景"菜单命令，如图6-88所示，将当前动画或场景输出为.swf格式的文件，同时在测试窗口中打开并播放，测试窗口如图6-89所示。

📖 使用"测试影片"命令可以完整地播放动画，而使用"测试场景"命令仅能播放当前编辑的场景或元件，而不是整个动画，这是两个命令的主要区别。

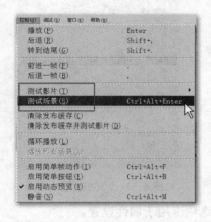

图 6-88 "测试影片"和"测试场景"命令

图 6-89 测试窗口

6.3.3 设置

1. Flash 动画可以多种不同的形式输出

1）将整个动画输出为某种指定格式的动画文件。

2）将动画中的音频单独输出为.wav格式的音频文件。

3）将当前帧内容或当前选取的图像输出为某种格式的图形文件。

2. Flash 常用格式

1）SWF 格式：只能用 Flash 自带的播放器播放，会在最大程度上保证图像的质量和体积。

2）HTML 格式：网页格式。

3）GIF、JPEG 格式：图像格式。

4）PNG 格式：网络常用格式，不容易失真，传输速度较快。

5）Windows 播放器格式：即.exe可执行文件，可在无 Flash 的环境中播放影片。

6）MOV 格式：QuickTime 影片格式。

3. 输出方式

1）发布：一次性生成各种格式的影片和图片。

2）导出：导出用于将动画输出为各种格式的影片、图片及提取其中的声音文件。

4. 发布

发布设置设定 Flash 要发布的动画格式及各种格式的参数如图 6-90 所示，操作步骤：

1）选择"文件"→"发布设置"→"格式"菜单命令，如图 6-91 所示。

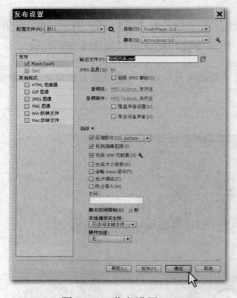

图 6-90　发布设置

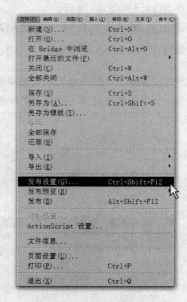

图 6-91　"发布设置"命令

2）选择多个要发布的类型，每种格式都有自己的选项卡用于属性设置。

3）选择图像格式时，Flash 会自动添加 HTML 代码。

4）在具体的类型选项卡中设置各类型属性。

5）单击"发布"按钮，自动生成所有发布文件。

6）单击"确定"按钮，关闭对话框但暂不发布。

（1）Flash 选项卡——SWF 电影格式，如图 6-92 所示

- JPEG 品质：用于将所有位图保存为 JPEG 压缩文件并设置压缩率。
- 音频流：用于设置输出流式音频的压缩格式和传输速度。
- 音频事件：用于设置输出音频事件的压缩格式和传输速率。
- 压缩影片：若选中该复选框，将对生成的动画进行压缩，以减小文件。
- 生成大小报告：若选中该复选框，会生成一个记录最终输出动画各部分大小的文件。
- 省略 trace 语句：若选中该复选框，将防止别人偷窥用户的源代码。
- 允许调试：若选中该复选框，将允许导出的动作被他人调试。
- 防止导入：若选中该复选框，可以防止发布的动画文件被别人下载到 Flash 程序中进行编辑。
- 密码：用于设置密码保护。

（2）HTML 格式，如图 6-93 所示

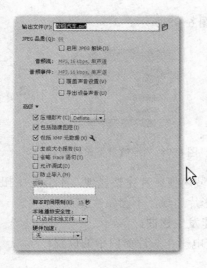

图 6-92 SWF 格式

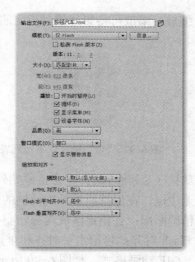

图 6-93 HTML 格式

- 模板：用于设置网页使用模板，单击"信息"按钮显示选中模板介绍信息。
- 检测 Flash 版本。
- 大小：控制影片大小，其右侧的下拉列表，如图 6-94 所示。

  匹配影片：设定尺寸和影片大小相同。

  像素：自己设定以像素为单位的影片大小。

  百分比：设定影片相对于浏览器的大小百分比。
- "播放"选项组用于控制影片的播放，如图 6-95 所示。

  开始时暂停：由用户控制播放动画。

  循环：反复播放动画。

  显示菜单：放映时可使用快捷菜单。

  设备字体：用系统字体替代系统中未安装的字体。
- 品质：选择"低"选项时播放速度优先，选择"高"选项时图像品质优先，如图 6-96 所示。

图 6-94 "大小"下拉列表

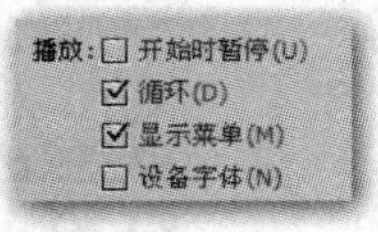

图 6-95 "播放"选项组

图 6-96 "品质"下拉列表

- 窗口模式：设定是否利用 IE 中透明电影等功能，如图 6-97 所示。
- 显示警告信息：发生错误时显示错误信息。
- HTML 对齐：指定影片在浏览器窗口中的位置。

默认：影片在浏览器中间显示，当窗口比影片小时裁剪影片。左、右、顶部、底部对齐等。

● 缩放：缩放可将影片放到指定的边界内，如图 6-98 所示。

图 6-97 "窗口模式"下拉列表　　　　　图 6-98 "缩放"下拉列表

默认（显示全部）：在保持原始外观比例的区域内使影片完整显现，不会发生扭曲。

无边框：在保持原始外观比例的区域内裁剪影片边缘，不会发生扭曲。

精确匹配：在指定区域内显示整个文件，可能发生扭曲。

● Flash 对齐：包括水平对齐和垂直对齐，决定电影在影片窗口中的位置。

（3）GIF 动画格式，如图 6-99 所示。

● 透明：将影片透明背景转换为 GIF 图像的透明方式。

Alpha：Alpha 值低于用户指定值的颜色完全透明。

● 抖动：指定抖动方式。

无：关闭抖动处理，用调色板上最接近的颜色代替没有的颜色。

有序：在尽量不改变文件尺寸前提下，提供最好的图像质量抖动。

扩散：提供最佳图像质量，但会增加文件体积（仅对网页 216 色有效）。

● 调色板：定义调色板类型。

（4）发布预览

正式发布之前可使用发布预览功能测试发布效果，如图 6-100 所示。

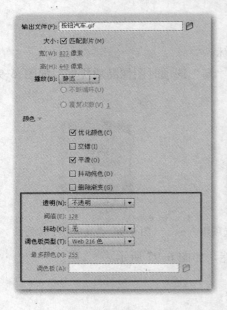

图 6-99　GIF 动画格式　　　　　　　　　图 6-100　发布预览

262

1）选择"文件"→"发布预览"菜单命令。

2）选择文件类型。

（5）发布动画

选择"文件"→"发布"菜单命令，如图 6-101 所示。

5. 导出

（1）功能

● 导出 Flash 影片。

● 导出.avi 或.mov 格式等可独立播放的影片。

● 将影片保存为连续变化的系列图片。

● 将影片中声音导出为.wav 文件。

（2）.avi 电影格式（仅导出影片时有效）

是 Windows 标准电影格式，适用于视频编辑应用程序。因为基于位图，文件体积庞大，其操作步骤如下：

1）选择"文件"→"导出影片"菜单命令，如图 6-102 所示。

图 6-101　发布　　　　　　　　　图 6-102　选择"导出影片"命令

2）选择文件路径、类型，输入文件名，单击"保存"按钮，如图 6-103 所示。

图 6-103　"导出影片"对话框

（3）导出图像功能可将当前关键帧上的画面另存为独立的指定格式图片。

● 可导出为图片类型。

● 可导出为 GIF、JPEG、BMP、WMF 等类型。

● 亦可直接导出 Flash 影片（.swf）。

其操作步骤如下：

1）选择"文件"→"导出图像"菜单命令。

2）选择图像类型及位置、名称。